自由基，不稳定的游离分子

科学因“自由基”的存在而迸发活力

生物学上的自由基，化学上称“游离基”，指化合物的分子在光热等外界条件下，共价键发生均裂而形成的具有不成对电子的原子或基团。

书写时，我们通常在原子符号或原子团符号旁加上“·”表示未成对的电子，如氢自由基（H·）、氯自由基（Cl·）、甲基自由基（CH3·）。作者借用了氟氯烃的例子——强辐射能电离出氯原子，与臭氧中的氧原子结合为一氧化二氯，一种高度危险的自由基分子——论证自由基还是科学家的必备素质。

作者提出，历史上也有一些伟大科学起源于梦境、灵感，而非我们通常认为的证据叠加。爱因斯坦、密里根等著名科学家都曾提出，“问题数据、主观定义同样推动科学进步。”爱因斯坦虽然提出了著名的质能公式，但他并未对其论证且坚信该公式的正确。证据不能代表一切，无序主义、模糊状态有时也能充当催化剂，刺激科学进步。

伟大的科学家，像自由基那样具有不羁的性情，甚至不惧生死，他们有时甚至会以自己为祭品以实验科学。作者呼吁科学家要勇于战斗，不应受传统以及其他因素的影响。让公众警惕科学可以预见的危险，是科学家的责任和任务。

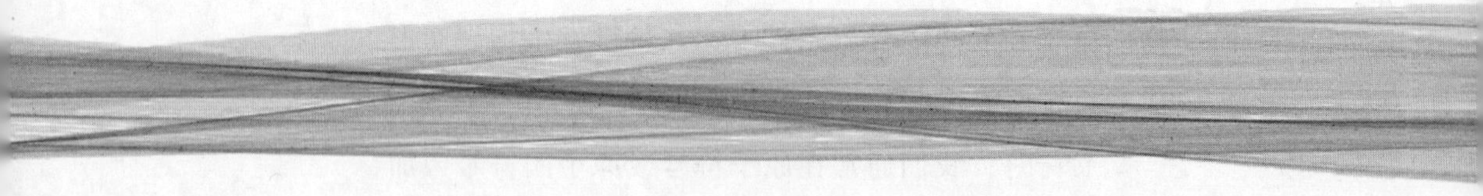

科学可以这样看丛书

Free Radicals
自由基

科学的隐私

〔英〕迈克尔·布鲁克斯（Michael Brooks）著
贾乙 王亚菲 译

自由、叛逆、突发奇想，
理论被现象证明之前，
不可过于相信理论，亦不可过于相信现象。

重庆出版集团 重庆出版社

版贸核渝字(2019)第010号

图书在版编目(CIP)数据

自由基/(英)迈克尔·布鲁克斯著；贾乙，王亚菲译. —重庆：重庆出版社，2020.6
(科学可以这样看丛书/冯建华主编)
书名原文：Free Radicals
ISBN 978-7-229-14952-9

Ⅰ.①自… Ⅱ.①迈… ②贾… ③王… Ⅲ.①科学学 Ⅳ.①G301

中国版本图书馆CIP数据核字(2020)第046849号

自由基
Free Radicals
〔英〕迈克尔·布鲁克斯(Michael Brooks) 著 贾乙 王亚菲 译

责任编辑：连 果
责任校对：李小君
封面设计：博引传媒·何华成

重庆出版集团
重庆出版社 出版

重庆市南岸区南滨路162号1幢 邮政编码：400061 http://www.cqph.com
重庆出版社艺术设计有限公司制版
重庆长虹印务有限公司印刷
重庆出版集团图书发行有限公司发行
E-MAIL:fxchu@cqph.com 邮购电话：023-61520646
全国新华书店经销

开本：710mm×1000mm 1/16 印张：13.5 字数：190千
2020年6月第1版 2020年6月第1次印刷
ISBN 978-7-229-14952-9
定价：42.80元

如有印装质量问题，请向本集团图书发行有限公司调换：023-61520678

Advance Praise for *Free Radicals*
《自由基》一书的发行评语

布鲁克斯是一位堪为表率的科学作家。他能给你在阅读科学感到困惑、渴望指点时提供清晰的解释。

——《每日电讯报》(*Daily Telegraph*)

尽管无奈，但我们必须承认：科学家也是凡人，一样容易犯错。

——《每日电讯报》(*Daily Telegraph*)

读起来很有趣。布鲁克斯……阐述了大量因聪明和非常规手段而获得成功的事实。

——《金融时报》(*Financial Times*)

战斗的召唤……这不是什么理想主义的斗争，它牵涉广泛。

——英国广播公司（BBC）

布鲁克斯对同行评议制度和伦理委员会的价值提出了令人感兴趣的质问，同时也阐明了世界各地象牙塔里真实的工作情况。

——《出版商周刊》(*Publishers Weekly*)

不是所有的科学家都是书呆子。在《自由基》

这本书里，物理学家迈克尔·布鲁克斯试图消除科学家是乏味的且呆滞的偏见。

——《华盛顿邮报》(*Washington Post*)

很有洞察力……翻开一页，就能毫无保留地看到科学的人性化的一面。

——《科克斯书评》(*Kirkus Reviews*)

布鲁克斯先生呼吁科学家们抬起头来，敢于发声，要求建立起能让更多有远见者发挥作用的机构……《自由基》是一个很好的范例。

——《纽约书刊》(*New York Journal of Books*)

自由基揭示了非理性因素在科学中的作用，告诉人们科学家也富有人性化，揭示了改变我们生活的根本突破也许来自于某些偶然事实。

——谋略网站（*Brain Pickings*）

《自由基》在很大程度上使科学家……和科学……以真实面目示人。

——《科学》(*Science*)

迈克尔·布鲁克斯是非虚构类畅销书《搞不懂的13件事》和《不确定的边缘》的作者。他拥有量子物理学博士学位,是《新科学家》杂志的顾问、《新政治家》杂志的专栏作家。

科学的本质是：提出一个不合常理的问题，而后，想办法为其找到一个恰当的解释。

——雅各布·布罗诺夫斯基(Jacob Bronowski)

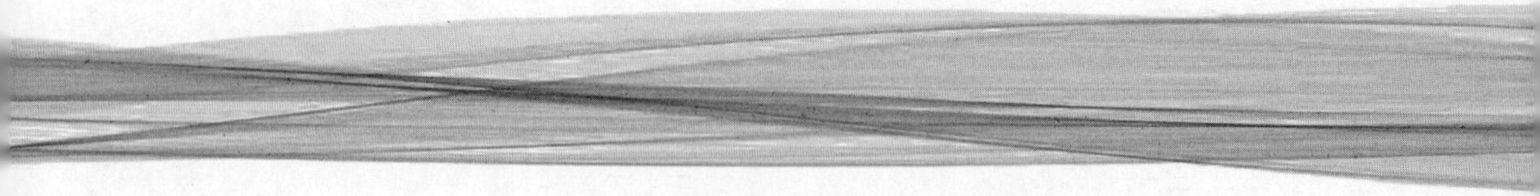

目录

前言

现在的时间是2003年3月23日下午5点15分。在加利福尼亚州（California）戴维斯（Davis）一个灯火通明的学术厅里，来自哈佛大学的天文学家丽莎·兰道尔（Lisa Randall）正试图展示她的一项研究成果。听众中包括了一些世界上最伟大的科学家，甚至还有几位诺贝尔奖得主，然而，并没人在意兰道尔说了些什么。即使她本人也难以集中注意力，她的目光在笔记和前排的听众间睃巡。就在那里，礼堂的右边，史蒂芬·霍金（Stephen Hawking）正在进食他茶歇时间的汤水，这是一个引人瞩目的景象。

当天早些时候，霍金作了一个引人入胜的演讲，演讲充满了对科学领域幽默的调侃和尖刻的评论。这个演讲是通过他的语音合成器发表的，声音单调乏味；霍金因罹患了一种运动神经元疾病而导致瘫痪且无法说话，进食也面临着困难。

他的护理人员尽力避免某些尴尬的场面发生，但这着实有点困难。勺子无法准确地进入他的嘴里，汤水也漏到了下巴上。这个场景毫无疑问地分散了旁观者的注意力：显然，这些优秀的头脑不能忽略前排正在发生的事情而去专注于兰道尔的演讲。这种令人有些难堪的场面，其实也有另一面——此刻，尽管只有一瞬，这些在外人眼中崇高且理性的科学家也难得地表现出了他们感性的一面。

科学家人性的另一面，以及其中的真正含义，正是本书即将描述的内容。50多年前，科学家就参与了可能是至今为止现代最成功的一次掩饰行为。该行为非常成功，因为，甚至连科学家本身也不知道自己已身陷其中。

在第二次世界大战之后，科学被赋予了特殊的意义。它变成了一个标签，与可口可乐、苹果电脑、迪士尼和麦当劳这些商标类似。科学的标签被强制定义为逻辑性强、负责任、可信赖、可预测、可靠、绅士、直率、无聊、古井无波、客观和理性等，且从不冲动或者从不被情感左右。总而言之：一本正经。

这个标签的造就与保护，即认为科学家皆以科学的方式保持理性和逻辑的经久不衰的神话，已影响了科学的各个方面。这些影响包括如何做科学、如何教授科学、如何资助科学、如何在媒体上展示科学、如何进行科研工作的质量控制，以及科学如何影响社会，影响公众与科学（人民群众与科学家）的沟通方式，这导致人们总是将科学家的声明视为铁律。我们一直沉溺于这种对科学的漫画式的幻想中，然而，这并非事实。诚然，科学的健康发展对我们的未来至关重要，但对科学的错误阅读同样会给我们带来误解。所以从现在开始，我们必须将科学从标签的桎梏中解放出来，是时候揭示科学无序性、创造性和激进性这些与生俱来的本性了。

科学对当今世界的统治力导致我们时常忽视一个事实——科学本身是一个相对较新出现的，或许应该是最新的职业之一。在第二次世界大战之前，科研工作只能由象牙塔里极少数的人进行。然而，世界大战显示了科学家具有改变国家命运的能力。在那个艰苦的时代，科学为政府和军队提供了青霉素、雷达，还有原子弹以及其他无数的发明创造。于是，当权者很快意识到，科学是一项很好的投资：如果战争再次爆发，谁拥有最好的科学家，谁就会赢。物理学家被称为“冷战期间的魔法师”，如同迈克尔·施拉格（Michael Schrage）所说的，“他们的魔法能通过一个夸克的闪烁打破超级大国间的平衡”。

接着，根据历史学家史蒂文·夏平（Steven Shapin）的说法，“科学成为了一个职业化和惯例化的正常工作”。于是，为了得到研发基金、稳定的工作和良好的养老保障，科学家们开始考虑如何将自己变得具有投资价值。其中，首要解决的问题，就是他们的形象。

在第二次世界大战尾期，在他们的形象工程建立之初，人们并不信任科学家。他们的能力让政府痴迷，同时也让政府感到不安。“科学翅膀的闪动可能会使我们回到石器时代”，温斯顿·丘吉尔（Winston Churchill）曾警告，“所以，如今这些造福人类的不可估量的进步也有可能导致人类的彻底毁灭。”

丘吉尔的另一篇声明也使科学处于两难之境：

> 蒸汽机时代之后，科学竞赛是否能让人类获益尚不明确。电力为越来越多的人打开了一个无比方便之门，但人们可能要为此付出沉重的代价。不论如何，我从心底不想使用那些让世界变小的内燃机车。更令人感到恐惧的是，还有原子弹这样的能让人类回到原始野蛮时代的恐怖的物体。所以，请把我的马牵来。

自此，我们可以明显地看出，丘吉尔对科学力量的恐惧。尽管青霉素和雷达让盟国在世界大战中幸存，但让盟国赢得战争的却是那颗出自科学家之手的原子弹的惊天一炸。也正是科学头脑研发出的导弹降落在伦敦，造成了毁灭和苦难。还有非人道的一些科学事件：德国集中营的科学家进行的可怕且不人道的实验，日本在战俘身上进行的医学研究等。丘吉尔也知道，一些盟军科学家甚至在自己的士兵身上测试过神经毒气和芥子气。

所以，科学家的第一个行动就是驱散公众对科学力量的不安，强调科学为替人民服务的工具。科学把自己定义为负责任和安全的：由理智且头脑冷静的人组成的谨慎而有纪律的组织，而非那些危险的人。著名生物学家和播音员雅格布·布鲁诺夫斯基（Jacob Bronowski）在广岛原子弹爆炸几年后，就宣称科学家们已成为了“我们这个时代的苦行僧，胆小、易受挫、急需帮助”。

这是一个经过深思熟虑的策略：举例来说，战后的英国科学家只要允许电视摄像机进入实验室，他们表现出来的一定是积极和正面的信息，“皇家科学会的高层非常希望将此呈现给群众”，伦敦科学博物馆馆长蒂姆·布恩（Tim Boon）如是说。另一方面，电视剧则几乎未受这些资深科学家们的影响，表现出了怀疑的态度。“你们这些科学家，”20世纪60年代的电视剧中的某个角色说道，“你们杀掉了世界上一半的人，还让另一半人必须依赖你们而生活”。

一旦科学家们做出迎合大众的决定，他们所要做的就是说服政府和公众，他们的工作使用的是安全、高效和可控的方法，只要给予足够的资源，他们就能创造出更美好的世界。这使科学工作获得了好名声。在1957年以前，就已有96%的美国人说，他们认同“科学和技术使我们的生活更健康、方便、舒适”这个说法。

科学家自己也对这个说法深信不疑。他们确信自己是高贵、冷静、传统的继承人，而科学的品牌价值也被精心培育并传承下去。根据美国技术评估办公室的数据，平均每名理科教授会培训大约20名科学博士。几乎所有人都在不知不觉中传承着这套规则，这些规则将使科学家们成为一群负责任、头脑冷静、值得信赖的人的神话永存。

极少数敢于揭露自己的资深科学家之一，是英国生物学家、诺贝尔奖得主彼得·梅达瓦（Peter Medawar）。“科学家们”，他承认，“会积极地歪曲自己。那些你们常见的基于假设检验的标准的科学程序，只是在幕布拉开让公众看到我们时，我们更愿意展现出的一种姿态而已。”梅达瓦说，“如果去追问幕后发生了什么，幻想就会破灭。”

所以，幕后到底是什么样子？最简洁的描述是由奥地利裔的保罗·法伊尔阿本德（Paul Feyerabend）给出的，他是由物理学家转行而成的哲学家。1975年，他出版了《反对方法》（*Against Method*）一书，提出了一个令人震惊的观点。涉及到知识的前沿探索时，只有一条规则，科学是混乱无序的。

法伊尔阿本德很快就被宣布为“科学界的死敌”，且有确凿的证据。因为他的论点存在故意的挑衅和恶作剧，他表述得太极端：他曾认为，巫术和获取知识是等效的。但他的观点仍然具有一定的意义，因为当我们看向幕后时，科学确实令人震惊。

为了取得突破或保持领先，一些科学家们会服用药物，遵循梦想，他们在自己或者同事的身上做实验，在此过程中还偶有死亡发生。他们有时会发生肢体冲突，但大多数时候进行的是智力战。他们彼此倾轧，通过阻碍同事进步的方式保持自己领先。他们打破了上流社会的所有规则，践踏神圣，表现出全然无视权威的行为。他们欺诈、欺骗或操纵他人，以便了解世界的真实情况。他们会想出一些看似荒谬的想法，然后用尽全力地去证明，这些想法并不荒唐可笑，更确切地说，这才是真理。有些人挑战政府和企业的利益，偶尔会为了更大的利益而牺牲自己的名誉。科学里夹杂着无法合理解释的成功，以及不合逻辑的失败，还有做了上万次工作后获得的片刻喜悦和能够改变世界的成功。

这些混乱隐藏于过去几十年中许多获得诺贝尔奖的研究背后，这些研究让我们知道了宇宙是什么？它是如何运行的？我们应该如何适应它？

这并非现代才有的现象。科学一直是这样，因为这就是它的工作原理。例如，艾萨克·牛顿（Isaac Newton）也有过偏见态度，毫不在意约定俗成的学术辩论规则。他的著作中有些段落甚至被他的传记作家宣称为“不折不扣的欺骗”。他也曾将自己的发现秘而不宣，然后用这些“秘密知识”嘲笑同事们。

牛顿曾谦卑地宣称，他取得的重大突破源于“站在（stand on）巨人的肩膀上”，并因此而闻名。虽然这句话可能有部分为真，但在很大程度上不准确。当其他人，如罗伯特·胡克（Robert Hooke）和戈特弗里德·莱布尼茨（Gottfried Liebniz）在他正研究的领域取得突破时，牛顿强烈否认了他们的工作成果。尽管他的名声已在数个世纪的时间里被打磨得熠熠生辉，被称为“科学家中的科学家”，但牛顿也许不是你今天愿意共事的同事。在其晚年生涯，牛顿疯狂地着迷于《丹尼尔旧约全书》（*Old Testament Book of Daniel*），并将他对该书的评论作为自己最伟大的作品。在这些评论中，你几乎见不到科学水平的冷静思考。

阿尔伯特·爱因斯坦（Albert Einstein），被认为是历史上继牛顿之后最伟大的科学家，是科学发展的幕后现实中另一个经典而又令人震惊的例子。爱因斯坦依靠的是他那神秘的洞察力——以至于他的数学水平不足以证明他的见解。他的文章也有错误和遗漏——虽然不明显。爱因斯坦在阐述自己的想法时，从不考虑已知事实。他对审稿人的意见反应激烈，他不止一次地争辩，任何与他美丽的想法相冲突的数据都应该被忽略。他因 $E=mc^2$ 这个方程式而广受赞誉，尽管这个方程式被他公开发表过 8 次，但他从未打算去证明它。这个工作被留给了其他人，那些将这个著名方程式置于现有坚实基础之上的更优秀的数学家。

人们都说，历史是由胜利者书写的。这也许解释了为何伽利略·伽利雷（Galileo Galilei）被认为是英雄，而不是骗子。他的《关于世界两大体系的对话》（*Dialogue Concerning the Two Chief Systems of the World*）一书，由于为日心说提供了支持而被天主教会列为禁书达两个世纪之久。事实上，书中充满了显而易见的错误。尽管这本专著为他带来了终身软禁，但伽利略并非真理的殉道者：在很多方面，他认定的理论并站不住脚。鉴于他的耀眼才华，史学家将这些错误找到了合理的解释，因遭到软禁而不得不进行一些适当的掩饰。伽利略对日心说如此深信不疑，以至于根本不打算进行任何辩论来论证。

如我们之前所见的那些例子，科学混乱性的传统深植于人类骨髓，尽管如今这些混乱可以被更好地掩饰。本书并不打算罗列一些关于科学"学术不端"的轶事。本书的真正目的是，客观认识科学。我们耳熟能详的科学的标签，并非科学的真正面目；公众眼中的科学和实际情况之间的差别远超大多数人的想象。科学家们已被套上了机械工作的紧身衣，就像进实验室必须穿白大褂一样。事实是，没有人能穿着紧身衣做出好科学，能计划出来的成果都不会有太大的意义。本书想为科学的原始属性吹响号角，并试图为其建立适于成长的基础。毕竟，我们的未来很可能需要依赖于此。

2009 年 11 月 20 日，世界被“气候门”丑闻震惊。对科学家们关于气候变化的说法持怀疑态度的激进分子侵入了东安格利亚大学（University of East Anglia）的电子邮件系统。他们设法下载了一些往来邮件。激进分子声称，里面的内容表明，科学家为支持自己关于全球变暖情况的论断而篡改了气候数据。

随后的调查最终将涉及科学不端行为的科学家清除出了科研队伍，但是，一些科学家的态度和他们阻碍调查获取数据的行为引起了官方的严重担忧。2010 年 2 月，英国广播公司委托进行的一项民意调查显示，认为全球没有变暖的成年人人数比 2009 年 11 月时增加了 10%。鉴于此，英国首席环境科学家鲍勃·沃森（Bob Watson）告诉英国广播公司新闻记者，这“非常令人失望”；“信任已被破坏”，德国气候学家汉斯·冯·斯多赫（Hans von Storch）在 2010 年 7 月这样告诉《卫报》记者。现在，人们发现科学家们也会做一些操纵的行为。

事实上，信任危机并不能解释英国广播公司的调查结果。仔细研究调查结果会发现，大多数因“气候门”而改变看法的人现在更加支持全球变暖的理论，而非减弱。

公众对气候变化情况支持的低迷有较大可能是受英国当年的冬天太寒冷所致。斯坦福大学的研究人员在 3 月进行的一项研究表明，关于“气候门”事件的舆论影响已消失。这在 6 月得到了证实，当时，大西洋两岸的民意调查显示，2 月出现的气候变化怀疑主义者数量的增加值已消失。

“气候门”事件最终的结果是积极的，那些不确定是否信任科学家的人意识到，科学家也是人，并认为出现这样的情况是可以接受的。英国广播公司网络民意调查结果显示，情况还要更好一些。事实上，科学家们也担心暴露自己的非理性和火爆的脾气。

看起来，科学家们的掩盖行为可能是历史上最大的错误之一。但问题是，取消这些掩饰将会非常痛苦，因为它已经为一些科学家做出了相当大的贡献。

受过教育的西方人，心目中将科学尊崇为神秘，科学家们几乎不阻止这种尊崇。在布鲁诺夫斯基1951年写的《科学常识》（*The Common Sense of Science*）一书中，他认为科学家们对此持欢迎态度。他写道："科学家们喜欢扮做神秘陌生人、无情感而强有力的声音，以及专家和上帝"。一个著名的例子出现在霍金的非凡的《时间简史》（*A Brief History of Time*）一书的结尾。他谈到了我们在科学中寻找的启示。他说，"我们的目的是，了解上帝的思想"。

跟霍金一起在戴维斯学术厅的科学家们比大部分普通人更了解上帝的思想。这次会议的目的是讨论一组新获结果的意义，这些数据来自美国宇航局轨道望远镜：威尔金森微波各向异性探测器，简称WMAP。WMAP是一个搭载了极高水平仪器的卫星，其收集的浩如烟海的数据靠研究人员使用世界上最大的计算机进行演算。我们可以将它的功能简单概括为：它是一对探向宇宙的蝙蝠耳朵。

如同蝙蝠依靠回声判定周围的情况，WMAP也倾听回声，它听的是来自早期宇宙的热辐射，并以此推测当时宇宙的状态。我们对宇宙的起始情况一无所知，因为当时距离今天实在太久远。但我们仍能收集到一些回声，这些回声已清楚到能让我们一窥宇宙起源时的情况。例如，它们可以告诉我们，第一个原子形成的时间和方式，第一个亚原子粒子是什么时候形成的，自然力何时首次出现，宇宙大爆炸后的无穷小时间段内的情况。感谢WMAP探测器和其他一些类似的实验，我们已描绘出了几乎整个宇宙历史。在历经了长达四个多世纪基于猜测和偏见的争论后，今天的我们有了切实的数据。我们正生活在天文学的黄金时代。

正因如此，我们或许愿意原谅周围参加集会的这些将自己装扮成"专家和上帝"的人。毕竟，正是这些人给了我们一个惊人的宇宙观，这是人类自古希腊以来就梦想获得的观点。然而，他们的故事为我们将如何学习科学提供了一个有用的例子。千万别以为他们的发现导致了我们的知识的顺利发展。

WMAP 研究的微波辐射被称为宇宙微波背景辐射，或 CMB。首次关于大爆炸使用了这种类型的辐射填充宇宙的预测出现在 1948 年，即第二次世界大战结束后不久。之后，它几乎被大家忘在了脑后。

当时，大部分人并不相信宇宙有一个开始。对大多数物理学家来说，宇宙就在那里，永恒不变。更重要的是，关于微波辐射的新理论诞生于粒子物理学和天文学的结合。尽管知道粒子物理学或天文学的人很多，但很少有人能同时精通这两个领域。如果这还不算困难，再加上寻找这种辐射需要精通微波技术，这又是一个全新的专业领域。

1963 年，几位在新泽西贝尔实验室工作的天文学家偶然发现了 CMB 辐射。阿尔诺·彭齐亚斯（Arno Penzias）和罗伯特·威尔逊（Robert Wilson）负责在 15 米长 6 米宽的喇叭形天线中安置一个微波探测器，用以研究为什么遥远的银河系能发射无线电波。他们的首要任务是，识别探测器中的背景噪声量，以确保收到的信号能被正确识别。结果，总有一个恼人的背景噪音，其强度远超他们的预期。他们想尽一切办法降噪，甚至开枪赶走了在天线上筑巢的鸽子，还将堆积的粪便清除掉，也未能奏效。

最终，在蒙特利尔的一次会议上，他们其中之一向另一位天文学家伯纳德·伯克（Bernard Burke）提出了这个问题。伯克对此并未在意，直到他有次碰巧需要评阅普林斯顿的一些天体物理学家的论文。普林斯顿的小组认为，如果宇宙大爆炸确有发生，宇宙应该充满了微波辐射。伯克的工作是，评价这篇论文的思想是否有出版价值，这取决于论文思想的新颖程度和可靠性。他没有抓住第一次机会：因为他没能将这个理论和二十年前的预测联系起来。然而，伯克却将彭齐亚斯和威尔逊的微波探测器中令人讨厌的噪音与该理论联系在了一起。他让普林斯顿的理论家和贝尔实验室的研究人员相互接触。这一合作的结果成为了《纽约时报》的头版新闻，并为彭齐亚斯和威尔逊赢得了诺贝尔奖。

标签化的科学将自己表现为一系列非常酷且极具逻辑的步骤，从提出概念到铁证如山都散发出优雅的光芒。但这与事实大相径庭。“几乎所有的科学研究都没有方向，或者，皆非初始设定的方向”，诺贝尔生理学/医学奖得主彼得·梅达沃（Peter Medawar）曾在一个典型的非官方声明中写道。

科学家们都有一个习惯，高度宣扬科学中最伟大的时刻以抚平发现过程中出现的皱纹和瑕疵。最终的效果虽然不错，但科学家们人性上的缺点也应引起重视。

教育只是冰山的一角。政府有时会忽视科学家的建议：他们知道，科学家很温顺，不太可能大吵大闹。媒体不愿给科学家很多的空间或者时间：谁想播报那些与我们不同的人展示的那些晦涩难懂的干巴巴的事实呢？所以，科学从来就不是流行文化的一部分：几代人都相信，科学并非普通人能做的事情。鉴于此，科学的发展如此缓慢也就不难解释了：从事这个职业的人不多，且多数科学家在他们的职业生涯中并不愿意做危险的事情或者与其他实验室不同的工作。他们深知，如果他们打破束缚，可能无法得到资金的支持或伦理的批准。

现在，是时候抛弃幻想，拥抱真实科学了。我们正在建立一个以科学为基础的文明，人们坚信它有能力支撑我们的希望并满足我们的需要。到目前为止，科学家们是幸运的：他们的掩盖行为并未造成严重的信任缺失。但是，幸运不会永恒。也许，丹尼尔·萨拉韦奇（Daniel Sarewitz）的话很能说明问题，“实验室和现实之间的信任，必须用一座真实的桥来连接，”他继续说道，“以免……当我们向下看时，发现脚下其实什么也没有。”

科学工作非常宝贵，且非常迫切（在这个环境危机来临的时代），所以，我们不能让这样的事情发生。如果能让公众真实地认识科学家，不再害怕科学，我们就能让科学家自由地工作，给他们最好的机会去发展和突破。作为第一步，我们现在要做的是，了解科学家幕后的工作，诚实地审视科学家为了突破而必须走的路。提醒：这个过程就像史蒂芬·霍金的下午茶时间那样，很壮观。

1 如何开始

这是人类第一次踏上离开家园的旅程——1968 年 12 月 21 日，土星五号（Saturn V）载人火箭发射了，方向是月球。但是，在绕月轨道上，飞行器窗口传来的画面显示阿波罗 8 号（Apollo 8）机组成员偏离了预定的任务。“阿波罗机组成员的预定任务是观察并拍摄月球特征”，宇航员威廉·安德斯（William Anders）回忆说，“但我们最大的‘发现’是地球”。

平安夜，宇航员们首次看到了他们所居住的星球的全貌。他们抓起相机并拥挤着，他们拍摄了三张照片，两张黑白一张彩色。这就是著名的“地出”（Earthrise）照片，地球那令人叹为观止的美丽照片被认为推动了环境保护运动的发展。

斯图尔特·布兰德（Stewart Brand），一个加利福尼亚州的年轻激进分子，为此成就感到非常骄傲。那是三年前的一个寒冷的下午，布兰德坐在旧金山北部海滩区一个铺着碎石的屋顶。他刚吸了 100 微克的 D-麦角酸二乙胺[①]（Lysergic diethylamide），简称 LSD。他脚下的建筑与地球表面形成了一道曲面，而布兰德的思绪回到了一个月或更久以前听到的一个演讲。那是建筑师兼发明家巴克敏斯特·富勒（Buckminster Fuller）的演讲，当时，布兰德全神贯注地聆听了富勒的精彩报告。富勒认为，人们所有不良行为的根源在于，大家习惯性地认为地球是平

①译者注：LSD 是一种强烈的致幻剂，该药物在英、美、澳、新西兰和大部分欧洲国家为非法的；在我国，LSD 按第一类精神药品管理，属于毒品范畴。

的。如果我们能让大家接受我们的星球是个孤单飘浮在太空里的圆球，是一个荒凉宇宙中的孤岛，大众的观念会发生很大的改观。基于此，布兰德突然想到，“为什么我们从未见过一张地球的整体照片?”

次日，布兰德将问题打印在数百张徽章和海报上，邮寄给 NASA 官员、国会议员、苏联科学家、联合国官员以及其他有影响力的人。然后，他在萨瑟门（Sather Gate），也就是加州大学伯克利分校著名的主校门那里摆摊售卖他的徽章，每个 25 美分。“这非常完美”，布兰德说。他的意思是，他成功地引起了关注。大学当局将他从校园里赶了出去，该事件被《旧金山纪事报》报道，并于当晚将他通过电视新闻曝了光。

布兰德在街头组织集会，在所有的美国著名大学里举办“街头研讨会”。他的行为让当局感到紧张，这个国家当时正沉浸在越南战争的泥潭，各种集会和抗议活动本就络绎不绝，还时常伴有过激行为的发生。因此，美国国家航空航天局雇用了一名调查人员，前往彻查布兰德以及他的“地球行动”是否会对美国政府构成威胁。几年后，调查员将自己介绍给布兰德。“我查了你的老底，”他说，“你似乎没什么问题，所以我给他们上呈了报告，告诉他们这里是加利福尼亚州，这里的人都有奇怪的想法。”

在他的报告的末尾，这位调查员加了个注解。如下，“另外，顺便说一句，为什么我们目前还没有一张地球全貌的照片呢?”

布兰德的集会开始于 1966 年 2 月。他回忆道，“在 1967 年底之前，逐渐有一些照片开始出现。最终，阿波罗 8 号那些以月球弧形表面作为前景的‘地出’照片，彻底满足了布兰德的期望。”

这张由威廉·安德斯拍摄的照片被誉为“有史以来最具影响力的环保照片”。我们并不清楚布兰德那次致幻剂之旅是否促进了环保运动的发展，我们也不清楚阿波罗 8 号的宇航员们是否知道布兰德的集会。尽管很难相信他们从未听说过，但他们确实从未在任何与这张照片相关的采访中提到过布兰德。对这些宇航员来说，拍摄这张照片的原因只是对地球从月球上升起的壮丽景色的即兴反应。布兰德肯定不会在任何讨论中被提及，此外，我们可以想象，美国宇航局也绝不愿承认是一个嗑了药的嬉皮士推动了他们的工作。

以上事例引发了一个有趣的问题——科学是如何发生的？是不是照片产生了一种驱动，一个科学的努力，也许是科学史上最重要的努力。它真的开始于一个充满激情和药物作用的灵感时刻吗？如果是，这也不应该被鼓励。

“如果询问一名科学家，什么是科学的方法，”梅达沃说，“他一定会出现严肃和逃避的神态：严肃是因为他觉得自己应该说出一个观点；逃避是因为他试图去掩盖自己并不知道该说什么的尴尬。”最终，科学家总会说：“嗯，你会有一个想法，然后你要通过实验去验证它。”这听起来很简单，但这个想法从何而来？无处不在，来自四面八方，不择手段。事实证明，科学与加利福尼亚州惊人地相似：他们都有奇怪的想法。

据说，阿尔伯特·爱因斯坦曾宣称，“创造的秘诀在于知道如何隐藏自己的资源”。尽管这句话并未被白纸黑字保留下来，但很有道理。费奥多尔·陀思妥耶夫斯基（Fyodor Dostoevsky）曾写道，“几乎所有的聪明人都害怕被人嘲笑，爱因斯坦作为伟大科学家的代表，也有大概率害怕自己的灵感来源被人嘲笑。”正如传记作家汉斯·奥哈尼亚（Hans Ohania）所记载的，“他利用一种神秘的方式获取灵感。”

爱因斯坦依靠的灵感并无明确的来源。“通过推理演绎得到一切合乎逻辑的结果，远超出了人类思考的能力范畴。”他说道。回顾他的经历，并将之与科学史联系起来，他承认“人类科学知识上最伟大的进步竟起源于这样的方式”。这句话一定会引起凯利·穆利斯（Kary Mullis）的深切共鸣，这位获得 1993 年诺贝尔化学奖的科学家曾公开表示，如果没有 LSD 的存在，自己不会获得诺贝尔奖。

1983 年 5 月的某个周五的深夜，穆利斯正行驶在加利福尼亚州的高速公路上，他的女友在副驾驶位上沉睡。正如你开车时也会发生的事情，他的注意力并未完全放在道路上。“DNA 链缠绕并漂浮着，”他说，“带电分子以瞩目的蓝色和粉色图像充斥在山路和我的双眼之间。”

在那个年代，DNA 闪烁着耀眼的神秘感，它的结构确实太复杂了。你可以将它想象为魔术贴的样子：两条链紧密地粘贴在一起。但与魔术贴不同的是，DNA 由四个组件构成，就是我们现在所熟知的 A、T、G、C，其名称来自于化学名的缩写。每个组件只能与另外一个组件相互结合：A 结合 T、G 结合 C。当一条链的组件顺序被确定，比如 ACCGTA，那么，与之结合的另一条链的顺序也将得到确定。这些组件的顺序编码决定了蛋白的制备，这是生物学的基石。

在一个生物学的机体中，DNA 必须能够自我复制，而实现自我复制的办法就是将两条链分开，并以分开的两条链分别作为母板制造新的由四种组件构成的链条。通过这个方法，每条单链都会成为新的一对双链。

凯利·穆利斯是一个谦虚的“造钩者”：他的工作是利用 DNA 的 A、T、C、G 分子构建链条。尽管他在伯克利附近一家生物技术公司里就职于一个相对较低的职务，但他习惯于将思维放在更高的层次。他幻想着有一天，我们能理解遗传密码的字母表，从而发现序列在哪里出错。例如，如果你能发现导致亨廷顿病或镰状细胞贫血症等疾病的基因序列错误，你就有纠正它们的可能，或者至少能减少它们引发的问题。这就是为什么穆利斯会花时间考虑如何做到这个假设的动因。

这并不容易实现。一条人类的 DNA 链大概包含了 10 亿个 A、T、C、G 组件，或者被称为“碱基”。如果是一篇文章的字数，这个阅读量足够令人望而生畏，更别说这篇文章还是写在了一个细胞的微小的细胞核里。

穆利斯想，我们没必要一次性将它们全部读完。他可以自己设计一条只有 20 个碱基的单链，然后以解开链接的 DNA 链为研究对象，看看他设计的这条单链是否能与 DNA 链的某个部分恰好互补配对。如果可以，就利用适宜的条件和酶扩增这条简短的合成链，并重复该工作。如果重复的次数足够多，你会得到巨大数量的这条短链的拷贝。这个过程就像爱丽丝在仙境里吃了那块写着“吃我”的蛋糕一样，DNA 片段从不可见的微观尺度变成了我们可测定的尺度。然后，你再去尝试其他不同的短链，不断进行这项工作，最终你一定能读取整个基因组。

现在，从事后诸葛亮的角度来看，这只是个简单的主意。事实上，穆利斯始终不理解，为什么其他人不能创造出这个“聚合酶链式反应”（Polymerase Chain Reaction），即 PCR。穆利斯要求自己使用简洁和形象的模式进行思维。他知道自己想要什么，他解决问题的方式是间接的，让自己的思维漂浮在充满了想要阅读的分子的空间。他是如何做到这点的呢？

他如此描绘那灵光乍现的时刻：

> 那一刻，我沉浸在这些分子中：你知道，我当时并未使用 LSD，但我的大脑知道如何达到那种境界。我能坐在一个 DNA 分子旁边看着聚合酶在自己的周围徘徊……这就是我思考的方式。我能让自己置身于任何我想了解的事物旁，有时会……通过致幻剂。

穆利斯并不掩盖自己对致幻剂的使用。他在 1966 年开始尝试 LSD，恰好为美国宣布其为违禁药品前的几个月。当禁令落地后，他和他的一些同事开始合成并使用一些当时还未被禁止的致幻剂。穆利斯坚信，这些药物是放开思想获取灵感的有利工具。在一部 BBC 的纪录片中，他明确地表示，“如果我从未使用过 LSD 会是怎样的场景？我还能发明 PCR 吗？”他继续说道，“我不知道，我很怀疑，相当怀疑。使用 LSD 带来的开放思想的体验，比我学过的任何课程都重要。”

在这个方面，他并非个案。如果你在使用苹果电脑或者 iPod，或者正玩电脑游戏，或者曾做过 DNA 检测，你就从这种药物中获益了，虽然是间接的。史蒂夫·乔布斯（Steve Jobs），苹果公司的创始人，他将自己使用 LSD 的经历描述为“我这辈子做过的两到三件最重要的事情之一”。诺贝尔奖获得者，生物学家弗朗西斯·克里克（Francis Crick）“完全被这种药迷住了”。此外，大部分硅谷的先驱者都经常使用过类似药物。

1991 年，《旧金山观察家报》（*San Francisco Examiner*）一名记者参加了计算机图形图像特别兴趣小组（Siggraph），即全世界规模最大的计算机图片工程师会议，该盛会每年在加州举行一次并盛况空前。在会议中，记者问了 180 名一流的专业人才两个问题：你用过致幻剂吗？如果服用过，对你的工作是否有重要作用？结果所有的人对这两个问题都给出了一致的回答——“是的”。

这篇访问的内容发表在了当年七月份《GQ》杂志的一篇文章中。文章题目为《呆子的山谷》（*Valley of the Nerds*），描述了计算机先驱们广泛使用致幻剂的事情。作者引用了英特尔公司人机交互项目负责人齐普·克劳斯科普（Chip Krauskorp）的话。克劳斯科普说，英特尔愿意雇用“嗑药者”，因为他们“非常、非常、非常聪明”且具有工作天赋。有时，英特尔甚至会帮助他们通过公司的药检程序。

一些来自加州的数学家们的工作也与这些药物有关。拉尔夫·亚伯拉罕（Ralph Abraham），现为加州大学圣克鲁兹分校（UC Santa Cruz）的终身数学教授。他将自己描述为“数学界广受欢迎的嗑药者”。他随后解释道，“他于 1967 年在普利斯顿大学当教授的时候首次尝试了 LSD。他由于工作成绩突出而移居到了加州并最终致力于计算机制图的数学研究，以及混沌理论和分形几何。”“毫无疑问，”亚伯拉罕说，“20 世纪 60 年代致幻剂的发明对计算机和计算机制图从业者，以及数学家都产生了深远影响。”（今天，这样的方式是不被允许的，也不应该被允许）

在 2008 年 4 月，发育生物学家乔纳森·艾森（Jonathan Eisen）在他的博客里宣称，科学家们会被强迫进行血液检测。他说，美国国立卫生研究院（NIH）正在想办法防止科学家们滥用那些能够让“头脑爆炸”，以便让自己思维更清晰从而取得突破进展的精神药物。艾森说，一名 NIH 的官员表示，“新规则的目的是让科学家能更公平地通过自己的智商进行比拼。”艾森的博客如是说，“药物的使用严重破坏了这种竞争的平衡”。

这篇博文最终被证实是愚人节的玩笑，但没想到还真有不少科学家联系艾森询问这项检测将于何时开展。科学家们，如你所见，真的有人在嗑药。

在艺术领域，药物使用的情况更突出。艺术家、作家以及音乐家一直坚信药物能帮助他们打开思路、带来灵感和创造力。雅各布·布鲁诺夫斯基认为，科学也是一种创作：也许比艺术更具创造性。他说，“任何一个能解放创造性冲动的想法，都应该被称为科学的想法”。为了获得创造性，科学家们必须得有新的想法。而他们，与艺术家一样，会不择手段地寻找灵感。

艾森玩笑的灵感来自于在《自然》（*Nature*）杂志上发表的关于科学家使用精神药品的文章。在这篇名为《教授们的小助手》（*Professor's Little Helper*）的文章中，两名来自剑桥大学的研究者宣称，“我们知道很多在美国和英国工作的科学同仁们使用莫达非尼以对抗时差的影响、提高工作效率或精神力，或者应对处理重要问题的智力挑战”。这一结果来自于《自然》杂志对其读者的正式问卷调查，共有 1 437 名来自科学界的受试者，其中 20% 的人承认使用过强化大脑的药物，如利他林（盐酸哌甲酯）或普卫醒（莫达非尼）。

鸽派评论员指出，这些药物的效果是温和的，它们很大程度上用于通宵撰写稿件或者长时间会议的过程中。大多数人并未使用药物来帮助完成科学研究。

约翰·梅纳德·凯恩斯（John Maynard Keyne）曾说过，“艾萨克·牛顿之所以成就卓著的原因在于他能将精力完全集中在待解决的问题上，并坚持到解决掉这个问题为止。我钦佩他神经的强度和集中注意力的能力，这是一个人最难能可贵的天赋。”

试想一下，如果当时牛顿能吃些盐酸哌甲酯或莫达非尼，会发生什么？莫达非尼能让使用者没有困意地保持觉醒。盐酸哌甲酯，有个著名的商品名，利他林，通常被用于治疗注意力缺陷多动症（Attention Deficit Hyperactivity Disorder，ADHD）患者并帮助他们集中注意力。那些不具备牛顿这种极强精神控制力的科学家们当然希望有什么东西能帮助他们集中注意力。不过，它的作用也许跟美国心理学家和哲学家威廉·詹姆斯（William James）的观点一致，通过沉醉来释放潜意识。

詹姆斯做了很多精神药品的研究，特别是氧化亚氮，常称笑气。沉醉会开放人的思维，他说，“我们正常的清醒意识，理性意识，只不过是意识的一种特殊类型罢了。除它之外，还存在着与清醒意识完全不同的潜在的意识形式。”

1921年，德国药理学家奥托·洛伊维（Otto Loewi）做了一个梦，这个梦将神经科学变得具象化。其实，路易吉·伽伐尼（Luigi Galvani）早在100多年前就证实了电脉冲能支配青蛙腿的肌肉活动。而后的几十年，科学家在生物组织中发现了电信号，并追踪电信号到了神经组织。在19世纪末以前，人们已知道神经能产生电，神经细胞间有间隙存在。对大部分研究者而言，神经细胞之间的信号传导应理所应当地像电报机一样，通过电传导。而洛伊维和一些研究者则认为，应该是通过化学物质而非电。尽管当时人们已知道激素能在体内传递信号，但这一想法并不被当时的科学界接受。于是，洛伊维做了个梦：

> 复活节前夜，我从梦中醒来，开亮了灯，在一片小纸上匆匆记录了梦中所想。随后又躺下进入梦乡。我六点钟起床后，想起夜间曾写下了一些很重要的东西，但我无法辨认出自己记下的是什么。

整天我都非常沮丧。洛伊维试图回忆当时的梦，但未能成功。于是，这天他早早地上床。凌晨三点，那个想法又出现了：

> 这是一个用来验证我 17 年前所设想的化学递质假说是否正确的实验设计。我马上起床，冲进实验室，按照梦中的设计完成了一个简单的蛙心实验。

洛伊维于黎明前在实验室完成的这个实验现在已成为了经典。他分离出了两个青蛙的心脏。他在第一个心脏里加入了林格氏液，一种能从体内吸收盐类成分直到其浓度与周围组织相匹配为止的溶液。随后，他刺激了心脏的迷走神经。不出所料，心脏的跳动变慢了。接着，洛伊维将这个心脏中的林格氏液转移到了第二个心脏中，而这个心脏的迷走神经之前并未被刺激。第二个心脏一接触到来自第一个心脏的液体，也即来自第一个心脏的化学物质，就出现了跳动变慢的情况。

洛伊维重复了这个过程，这次在第一个心脏中刺激的是加快心跳的神经。当他将林格氏液转移给第二个蛙心时，心跳变快了。这个实验取得了巨大成功，一夜间就推翻了对自然界中神经信号传导必须通过电信号的观点。神经间的传导可通过化学物质实现。

对于与洛伊维分享诺贝尔奖的亨利·戴尔（Henry Dale）来说，这个发现“开启了生物学的新境界”。戴尔继续了洛伊维的工作并扩大了探索范围，证实了所有神经间的联系都是通过化学物质实现，这是现代神经科学的基石。

对艺术家来说，在睡眠中找灵感并不是什么罕见经历，这就是潜意识在发挥作用。披头士乐队（The Beatles）最著名的歌曲之一《昨天》（*Yesterday*）就是保罗·麦卡特尼（Paul McCartney）梦醒后在头脑里成型的。尽管梦境未给他带来完整的歌曲，但麦卡特尼得到了重要的韵词“可爱的腿”（lovely legs）和“翻炒的蛋”（scrambled eggs）。

对科学家来说，通过梦境进行发明和探索也有一些少例。洛伊维的故事被称为“科学发现中最引人注目的传说之一”。但是，这并不是唯一。诺贝尔奖得主化学家奥古斯特·凯库勒（August Kekulé）也通过两个独立的梦获得过巨大突破。以第一个梦为例，在1855年，发生在一辆伦敦的公车上。“售票员‘克拉珀姆路到了’的喊声将我从梦中惊醒，然后，我花了大半夜的时间整理自己梦中所见的草图，”凯库勒说道，“这就是‘结构理论’的来源。”

如今，所有关于化学的公司，从杜邦到繁多的其他小制药公司，都要感恩于这个给予凯库勒关于分子结构秘密的梦。有一个衡量这项突破重要性的事实是，德国有很多与凯库勒同龄人的名字如今依然如雷贯耳。他年轻的助手阿道夫·冯·拜耳（Adolf von Baeyer）接过他的接力棒在1905年获得了诺贝尔奖，并创建了拜耳医药公司。根据凯库勒的理论，伊曼纽尔·默克（Emanuel Merck）将自己父亲在达姆施塔特（Darmstadt）（也是凯库勒的成长地）的药店成功转型为了跨国大型医药公司，直到现在还为全世界生产大量的药品。凯库勒后来移居到了海德堡（Heidelberg），以便与罗伯特·本生（Robert Bunsen）的住处更近，后者发明的本生灯至今仍在全世界所有化学实验室中使用。感谢凯库勒的梦，让这些化学家的成就持续了150多年。

事实上，凯库勒从未对同事们提到过自己的梦，他只是在去世前几年才泄露了这个秘密。同样的事情在不断上演，爱因斯坦同样保守着灵感来源的奇怪方式，直到他结束科学研究为止。仅在他生命最后几年完成的自传中，爱因斯坦才提及自己在16岁时有过一次视觉体验。他看到自己在一束光旁奔跑，这个体验一直占据着年轻的爱因斯坦的头脑。他将光想象成为一种电磁波，而这个电磁波由电场和磁场构成，与当时大部分物理学家的想法一样。通常，这种波会以极快的速度（也就是光速）从他身边掠过。但是这次，在他眼前的光则完全伸展开了。

有两件事立刻引起了他的注意。首先，如果你与光束同行，你会看到波是静止状态的。而这样一个固定的电磁场与我们所体验到的光的现实情况不相符。第二，爱因斯坦本能地知道，在与周围世界的交互中，事物的本质不应因运动而出现不同。

这种情况与你坐在以恒定速度穿越黑夜的火车车厢里没有什么不同。你无法感觉到自己是否在移动，因为你无法通过窗外的风景得知自己是否在前行。与光束一起运动，周围空无一物，对他来说，爱因斯坦根本没有办法证明自己正在以光速或者其他速度进行旅行。原因是："与在地球上处于静止状态的观察者一样，所有东西遵循的法则都是一致的。"

但是，他的想象却另有含义。基于标准的电磁理论，物理学定律与你所处的速度相关：如果你运动得足够快，你会体验到一些不合常理的和无法解释的东西，比如静止的光波。爱因斯坦在他的自传中写道，"狭义相对论的萌芽已存在于那个悖论中"。10 年后，他建立的狭义相对论完美地解决了这个悖论，即不管光源的速度如何，光的速度恒定不变。所有相对论的奇异性，比如时间和空间的弹性属性，都来自于这个顿悟。

在最后一刻才透露他的灵感来源，是因为爱因斯坦遵循着一个伟大的传统。灵感的来源"不科学"、不理性的事实，会让科学家们感到尴尬。事实是，对于大多数科学家来说，公布自己的灵感并不会从中受益。相反，还会有一些损失：比如，你的同事通过捉弄你而享受快乐。文艺复兴时期的科学家吉罗拉莫·卡尔达诺（Girolamo Cardano）就非常喜欢捉弄同事以显示自己比他们更聪明。

卡尔达诺于 1501 年出生在伦巴第（Lombardy）帕维亚（Pavia），是达·芬奇的一位律师朋友的私生子。可以说，他比达·芬奇为科学作出的贡献更多。你汽车传动轴上采用的将动力按一定角度传送的旋转接头就是他的发明。这种万向节被称为卡达节（Cardan joint）以纪念其发明者。卡尔达诺还出版有超过 100 本书，涉及数学、自然科学、医学、工程和哲学。同时，他发明了机械式万向架，使高速印刷成为可能。他还开创了概率的研究，尽管很大程度上是因为他对赌博感兴趣。也许，最令人印象深刻的是，他发展了虚数的概念，这是电磁理论、量子物理学和相对论的一个重要组成部分，至今已沿用数百年之久。

在他死前最后那年，卡尔达诺写了一本名为《我的生平》（*The Book of My Life*）的自传。该书内容激动人心，因为里面充满了各种细节，包括他的疾病、他的悲剧和他进行科学发现的手段。卡尔达诺对别人认为他的突破来自理性推断的猜测非常高兴。他写道："这种认知过程对博学者来说是水到渠成的，因为他们认为突破一定是基于大量学习和实践。因此，许多人认为我学习非常刻苦并拥有超凡的记忆力，事实并不完全如此。"

事实是，至少从卡尔达诺看来，他的灵感或部分来源于他的守护神。他与家族的先驱交流，并从他们那里得到建议。卡尔达诺的父亲、儿子和侄子都是精神病患者，卡尔达诺声称自己也是疯子。也许，我们会怀疑他是否缺乏理智。但事实是，不可见的、无形的、非理性的来源或有时也激发了灵感。

22 岁的尼古拉·特斯拉（Nikola Tesla）因幻觉而发明电机发生的奇怪故事，则为上述观点提供了更多的证据。1881 年的某个下午，特斯拉和一些同学朋友在布达佩斯公园散步。他们面朝夕阳走去，被景色迷住的特斯拉开始朗诵歌德的诗：

> 光辉退却，结束辛劳的一日，
> 远处匆忙，探索着新生活；
> 啊，没有翅膀能将我从土中解放，
> 沿着它的轨迹，跟随飞翔……

他突然停了下来。在他面前出现了一个火热的磁场被一个电磁环旋转起来的情景。电磁环是由电流按正弦模式供能的，而电流的每相之间存在延迟，这样就能使磁场连续做环形运动，就像将灯环上的灯泡顺次点亮，从而出现一个完整的光环。特斯拉看到，电磁环中一块能与电磁场感应的铁块正在朝一个方向开始旋转，并用另一种方式朝相反方向旋转。他僵住了一会儿，之后脱口而出，“看着我的汽车……让我将它翻过来”。他的朋友们抓住并摇晃着他，直到他回过神来。

特斯拉回到实验室后，他按之前所见开始打造今天被称为自启动交流电马达的设备，并开始了首次运转。

第二次世界大战的结束也应归功于一次偶发的幻觉。制造原子弹需要武器级的钚。我们可以通过核反应堆制造钚，但技术瓶颈是需要保护反应堆的铀不会被受其加热的水所腐蚀。某种程度上，铀必须被包裹在足够厚的外壳中，以使它具有潜水、防水和气密性，同时保护层还不能厚到会吸收掉所有的热量。这个外壳也不能吸收铀发出的中子，因为这会破坏链式反应，因此这个“壳子”对整个过程至关重要。

根据曼哈顿项目的官方报告，在美国制造原子弹的过程中，如何“罐装”铀是他们面临的最困难的问题之一。这个技术难题困扰原子弹的研发时间长达几个月。只有几周时间可供研究者思考如何将铀正确地安放到反应堆中，该项目的压力越来越大。因为当时是 1943 年，天下人都知道希特勒的科学家也在制造原子弹。战争的结果很可能取决于谁先达到目的。

“于是，有一天，当我从冷水机旁走过时，”物理学家奥马尔·斯奈德（Omar Snyder）回忆道，“似乎看到了如何制作这个罐头的办法。”“一个完整的步骤突然闪现在我的脑海，”斯奈德接着说，“我甚至不需要任何图纸，所有的细节步骤都清晰地出现在了我的脑子。”于是，他马上冲进实验室进行实验，不到一天半的时间就完成了。结果，斯奈德仅凭一己之力就解决了这个阻碍美国生产原子弹的技术瓶颈。

如果没有非理性的灵感闪现，其他科学家最终能解决这个问题吗？我们不能做出武断的结论，但英国人多年来一直在尝试，一直未果。俄罗斯那成功的反应堆设计是美国原型的复制品。

斯奈德说，他不认为这件事有什么特别之处，他身边的其他人也遇到过类似情况。从事实来看，使原子弹能成功爆炸的一些物理学上的重大发展就是由非理性的、不可预测的——有些人会说是不科学的——启示或灵感的瞬间产生的。

再以斯奈德在曼哈顿项目中上司的经历为例。物理学家恩里科·费米，从墨索里尼的法西斯意大利叛逃，并被指派为建造核反应堆的负责人。在1934年10月回到罗马时，费米得到了一个莫名其妙的突破——一个直接导致原子弹诞生的突破。他一直试图理解无核反应，他和他的团队试图用中子轰击金属靶以诱发放射性，结果却毫无规律，似乎无法预测在任何给定条件的实验中会发生什么。

一天，在去工作的路上，费米决定在靶子前面放个铅块。他的想法是，铅也许能过滤掉最慢的中子，从而让轰击的情况得到更好的控制。他所在的物理系的机械师们奉命制造这个铅块。与他平时的习惯不同，他非常详细地给这些人描述了铅块的各项细节，然后他得到了自己所需要的铅块。接下来发生的事，如同斯奈德所经历的一样令人费解，但却带来了惊人的结果。

出于某种未知（非理性）的原因，费米不想再使用铅块了。于是，他将铅块在机器室里闲置了两天。当他最终将铅块拿回自己实验室的时候仍然犹豫不决。他后来将这个故事讲给了天体物理学家苏布拉马尼扬·钱德拉塞卡（Subrahmanyan Chandrasekhar）：

> 我显然是对某事有所不满，我试着用各种借口推迟使用铅块进行实验。最后，我有些勉强地想把它放在那里时，我却对自己说："不！我想要的不是铅，而是一块石蜡。"当时的情况是：没有预警，毫无意识，没有规划，没有推理。我立刻在手边找了一块形状有点奇怪的石蜡，将它放在了那块铅本应放置的地方。

采用石蜡使原本混乱的实验结果取得了巨大突破。费米和他的合作者观察到，银靶中的放射性增加了50%。他们很快意识到，石蜡中的氢分子能减缓中子的速度，使它们在冲出银靶前有更多机会与银原子相互作用，从而产生放射性元素，而不是片叶不沾身的离开。现在已知，这种慢中子是可靠核反应的基本组成部分。费米的发现为他赢得了1938年的诺贝尔物理学奖，可以说，它使盟国赢得了第二次世界大战。

斯奈德和费米的经历少见吗？是的，科学家不可能每天都通过这种方法做出巨大发现。但如果我们将研究的范围局限在重大的科学发现上，这个答案似乎又是否定的。显然，它通常在一些重大发现上莫名地出现。

许多经历过这些的科学家们都会感到谦卑，甚至怀疑他们是否该为这一发现而获得殊荣——对他们来说，这似乎更像是一种优雅的恩赐。生理学家艾伦·劳埃德·霍奇金（Alan Lloyd Hodgkin）曾称，“因为隐瞒了机会和运气，他为自己荣获诺贝尔奖而内疚。”英国数学家保罗·狄拉克（Paul Dirac）也对他的一些“突然出现”的想法有类似的内疚情绪。“我无法正确地说出，我是如何得到这个想法的。”他在1977年的时候写道，“我觉得这样的工作属于‘不正当的成功’”。迈克尔·法拉第（Michael Faraday）显然也有同感。他多次拒绝了因其成就而被授予的爵位，宁愿当“平民法拉第”。法拉第谦卑的来源是，他认为自己的一些灵感和发现来源于他对上帝的信仰。

“我属于一个很小且受藐视的基督教派，如果你知道的话，就是桑德曼派（Sandemanians）。”这是迈克尔·法拉第在1844年向艾达（Ada），也就是洛夫莱斯伯爵夫人（Countess of Lovelace）介绍自己时说的话。桑德曼派是特别严格遵守新约中戒律定义的基督教派。桑德曼派认为，任何从属于国家或机构的行为，如苏格兰教廷或罗马天主教教廷，都是严重的错误。

桑德曼派执行严格的行为守则，并充满激情地遵循着新约的要求，将任何做了罪恶行为的人摒弃出他们的教会。根据一部教会的记载，这些罪恶行为包括“不够谦虚”。在桑德曼派中没有信仰不坚定的教徒，而事实上，法拉第以桑德曼派长老的身份度过了他生命的两个时期也表明了他对该信仰的热情。

但是，出乎现代人的意料，桑德曼派并不将科学当成异类对待。对桑德曼派教徒来说，新约中已给予了科学一个明确的示谕。在《罗马书》（*Epistle to the Romans*）中，圣保罗说过，“自从造天地以来，神的永能和神性是明明可知的。虽是眼不能见，但借着所造之物，就可以晓得，叫人无可推诿。”

法拉第曾先后两次在其公开演讲中引用这段话。这就是他的信念，正如他所看到的，他所研究的自然，正是“由上帝的手指所写”，用以显示造物主的永能和神性。毕竟，这就是人们信仰基督并被救赎的原因。正如法拉第所说，“揭开自然界的奥秘即是为了发现上帝的神迹。”所以，他为何不热衷于将自己的发现应用到技术中就不难理解了：他的使命是揭露自然法则，从而揭示上帝的存在。而这些发现的其他用途，对他来说价值不大。

作为铁匠的儿子，法拉第是在当装订工的学徒时开始接触到科学。他被由他装订的那些科学书籍的内容所吸引，如饥似渴地阅读着这些书籍。法拉第在21岁时得到了一份在英国科学研究所的工作，但当他想申请为汉弗莱·戴维（Humphry Davy）工作时，却遭到了拒绝。后来，戴维的助手因为在演讲大厅打架而被解雇，他得到了这个机会。这对英国科学研究所来说是一次非凡的好运：法拉第证明了自己是个一丝不苟、才华横溢的实验科学家。

那时，欧洲的物理学家都痴迷于电的性质。当时，人们发现相同的电荷会互相排斥，电流可以产生磁场。基于这些科学上的新发现，法拉第的朋友理查德·菲利普（Richard Phillips）请他在《哲学年鉴》（*Annals of Philosophy*）上为上述突破撰写综述。

以勤奋著称的法拉第并不满足于阅读和消化关于现有的关于电学的每篇论文：他甚至重新设计了每一个实验。在他准备写报告时，他对这门科学的理论和实验的局限性已有了深刻的了解。他认识到，在磁场和电流之间找到联系，将是这一领域取得进展的关键。他坚信自己能做到这点，只是他的理由不那么科学。如果上帝说，他能通过自然使自己被认知，那么自然的法则一定是可以理解的。法拉第说："我相信，上帝的永能和神性虽是眼不能见的，但借着所造之物，就能清晰可见。"他所需要做的是，找到这些可见之物。

也许，这听起来毫无价值，但事实并不是这样。科学并非直截了当或显而易见，它不是通过简单地收集足够的证据来证明一个论点那么简单，它要建立正确的联系。许多研究表明，就算将取得突破所需的所有证据都摆在科学家们的面前，也没人能保证何时能迎来突破。

法国科学家安德烈·玛丽·安培（André-Marie Ampère）因其突出的贡献而荣获以其名字命名电流强度的殊荣，她试图以其卓越的数学功底来破解磁场和电流之间的神秘联系。安培坚信，电的本质是一种在电线里类似于液体物质的流动，通过计算这种流动的模式能发现磁场的来源。结果，一无所获。相反，法拉第从另一个角度开始了探索：上帝的本性。

作为铁匠的儿子，数学对法拉第来说无异于天书。当他试图跟随安培的脚步进行探索时，很快迷失了方向。"跟着你的理论，"法拉第写信给安培说，"它很快就成为了我无法解决的数学难题。"所以，作为普通人的法拉第不得不另找出路。

《圣经》的阅读给了法拉第能影响物理世界的一系列印象和直觉。例如，1844 年，他写了一篇关于物质本性的笔记，对原子进行了推测：上帝"通过他的话"将"力量变为可见的"空间中的原点。

法拉第考虑虚空作用的观点在当时的科学界几乎是完全孤立的。对于受过训练的科学家来说，电荷之间的吸引和排斥定律，以及物质间点对点的引力就像呼吸一样自然存在。结果是，他们只考虑了某物质对远处其他物质所产生的影响，而非原因。

但《圣经》清楚地指出，上帝占据了所有的空间。以赛亚的愿景中描绘了天使在呐喊"圣哉、圣哉、全能的上帝；他的荣光充满全地"，这是桑德曼派否认宇宙充满虚空所引用的段落之一。对法拉第来说，他试图发现那些通过上帝能影响物质世界从而发现上帝的本质，这个看似空白的空间必须引起人们的兴趣。能够发现这种神圣的影响对法拉第来说意义重大。他说，“物质的性质取决于造物主赋予这种物质的力量。”

在科学史学家杰弗里·坎特尔（Geoffrey Cantor）看来，法拉第认为自己在探索一个“被完美设计好的系统”。在这个系统里，所有的事件都按神的意志安排得井井有条，且是一个物质和力量皆守恒的自我维持系统。各种力之间能相互转化，但不能被人力创造或消除。

此外，还有法拉第的对称观念：因与果、作用与反作用、北和南。对他来说，自然中的一切事物都与其他事物有联系，这一切都服从于“多样性统一”规律。在《哥林多前书》中，圣保罗说，“世间有各种服侍，但同侍奉一主”。法拉第非常清楚这条训诫。“就像桑德曼教会中那些从事不同相关事务的教徒一样，”坎特写道，“在自然的系统中，不同的物质和自然规律相互配合。”

所有这一切都导致法拉第对他实验所得的结果有了一个先入为主的观点。首先，他发现了磁场充满了磁铁周围的所谓“空的”空间。基于凡事皆完整的观点，他认为这个场是封闭的环形：对他来说，两点间用圆形线条连接比其他形状更科学。

电磁感应的发现同样来自法拉第头脑中的信仰。有一个现象是，在磁场中运动的金属丝能在其中产生电流。这对受过训练的数学科学家来说是革命性的，但这对法拉则是完美的证据。电和磁被该现象相互联系在一起，如果一个运动的电导体能产生磁场，那么一个运动的磁场也应能在导体中产生电流。运动、磁力和电是三位一体的反映：紧密联系，独立而又不可分割。

正是由于这一信仰的启发而导致的发现，你今天的家中才有电可用。法拉第发现运动产生电，由于对称性，电也可以产生运动，于是有了电动机。电动机的应用遍布一切，从巨大的工业工厂到计算机磁盘驱动器。

将地球从宇宙中心的地位上拉下来的尼古拉斯·哥白尼（Nicholas

Copernicus）将自然称为“上帝的神殿”，宣称可以通过研究自然了解上帝。

受哥白尼关于行星运行的灵感启发，以及出于与法拉第一样的观念——上帝应该使用一个“多样统一”的系统——外科医生威廉·哈维（William Harvey）认为，既然人体有一个循环系统，行星也应该是类似的。“我开始思考，是否有可能，我们所认为的圆周运动是错的，”他在1628年如此写道，当时他已发表了关于人体血流运动的发现。他的结论是，“心脏是生命的起点，如同微观的太阳，所以太阳如能定义为世界的中心会比较合理。”

今天，上帝在科学中已没有曾经那么受欢迎了。在美国国家科学院成员中的调查显示，85%的人拒绝接受“人格化上帝”的概念。甚至对某些科学家来说，这还远远不够。例如，天文学家尼尔·德格拉塞·泰森（Neil de Grasse Tyson）从另一个角度解读了这项统计结果，“感叹！还有15%的最聪明的头脑还存在‘人格化上帝’的想法。为什么不是零呢?”

宗教同样也是牛津大学化学家彼得·阿特金斯（Peter Atkins）的眼中刺。他对美国国家科学院调查结果的反应与泰森相似。他接受《每日电讯报》采访时说：“显然，你可以带着宗教信仰成为科学家；但我认为，你不能成为一个真正意义上的科学家。”对阿特金斯来说，宗教信仰和科学的世界观是“零交集的概念范畴”。

然而，事实并不完全符合阿特金斯的声明。迈克尔·法拉第就有宗教信仰。

由上可知，在科学灵感来源的背后秘密地隐藏着混乱。

2 分歧者

2008 年 1 月，清冷的早晨，一队学生神经紧张地穿行在罗马最古老的大学，罗马第一大学（La Sapienza）的校园。当他们到了大学的中心，一个巨大的智慧和技术及工艺之神密涅瓦铜像后，他们紧张地环顾四周并开始工作。他们将横幅贴在密涅瓦裙子下面的底座上，退后一步欣赏他们的作品。“知识不需要神父，也不需要牧师，”横幅上写着，“知识是现实存在的。”

这是对梵蒂冈的直接挑战。原因是一周后，时任教皇本笃十六世（Pope Benedict Ⅻ）准备去罗马第一大学访问，学生和教职员工对此并不感冒。“教皇，”他们说，“是反科学的”。校园里的其他地方，还有人以各种方式表达着自己的不满情绪。学生们的抗议信已大量出现在教区首席神父的桌子上。大量教职员工联名签署了一封信，并发表在《共和报》（*La Repubblica*）上，以表达他们对此次访问的强烈不满。信中宣称，教皇在大学中的出现是“不和谐的”。

抗议者赢得了这场战争：当晚，梵蒂冈教廷国务卿塔尔奇西奥·贝尔托内（Tarcisio Bertone）大主教发表声明，取消本次访问。为避免丢脸，贝尔托内对“缺乏庄严祥和的欢迎氛围”而感到遗憾，并对教区首席神父表达了歉意。这一消息令全校师生欢欣鼓舞。而后，仅过了几个小时，他们的喜悦就消失在了无比的尴尬中。原因是，他们完全误解了教皇。

示威活动的起因是教皇在 20 世纪 90 年代任红衣主教时发表的一次

演说。发表在《共和报》上的抗议信引用了他们在意大利语维基百科网站上找到的教皇曾经的演讲内容。抗议信上写道，“红衣主教坚持教会对伽利略关于因日心说而获审判的正确性”。抗议信的作者们引用了教皇自己的话：“伽利略的审判是‘理性和公正的’”。67 个联合署名者非常清楚地表达了他们的感受：“这些话冒犯了我们。”

我们期望那些署名者能像科学家那样，严格核查他们所认为的事实。如果他们能仔细翻看维基百科网页，并找到那条关于伽利略事件的评论，他们会看到，教皇当时并未攻击科学。事实恰好相反，他攻击的是那些支持中世纪教会对伽利略进行迫害的人。他特别指出批评了一个人：20 世纪的哲学家保罗·法伊尔阿本德。

在他发表于 1975 年的《反对方法》一书中，法伊尔阿本德以现代的眼光回顾了伽利略和教皇乌尔班八世（Pope Urban Ⅷ）间发生的事件，并得出了一个令人吃惊的结论。“基于当时科学证据的情况、辩论的可信性以及伽利略主张的道德和文化，伽利略的逮捕和定罪是‘理性和公正的’，”法伊尔阿本德写道，“伽利略时代的教会比伽利略本人更忠于理性。”

第一大学的教授们引用的以为是教皇观点的论断，实际上来自法伊尔阿本德。任何一个读过 20 世纪 90 年代那次演讲全文的人都能看出，教皇引用了《反对方法》后明确表示，法伊尔阿本德在清楚了解了伽利略的正确性的基础上得到如此结论的做法太“极端”。更重要的是，对那些认为教会应对伽利略采取更严厉措施的强硬派，教皇宣称，“信仰不会在怨恨和对理性的拒绝上生长”。根据犹太数学家吉奥吉奥·伊斯雷尔（Giorgio Israel）在梵蒂冈内部报纸上发表的评论指出，“这篇演讲只要稍微读一下，就能轻易判断出，它是在捍卫伽利略的合理性。”

第一大学的教授们使用未经核实的荒谬论据强烈抗议教皇的访问，只能体现出他们的偏颇和狭隘。当这个尴尬的事实浮出水面后，这 67 个签名者中的部分人——比如意大利主要科研机构的负责人物理学家卢西亚诺·马亚尼（Luciano Maiani）——怯生生地收回了对教皇访问的抗议信。

于1994年逝世的法伊尔阿本德，一定会被第一大学里发生的闹剧逗乐并感到欣慰。这次，大学科学家们演出的暴行完美诠释了他的一个最重要的观点：科学家们是无视规则和“惯例”的无序主义者。毕竟，第一大学的教授们绝不是第一批毫不犹豫地使用方便获取的证据来证实自己偏见的科学家。爱因斯坦也干过类似的事情，其他诺贝尔奖获得者，如罗伯特·密立根（Robert Millikan）也是如此。托勒密（Ptolemy）、牛顿和被爱戴的伽利略也曾因为他们的突破是基于对实验结果采取灵活的态度而感到羞愧。今天的科学家也没有什么不同。2006年，《自然·细胞生物学》（*Nature · Cell Biology*）杂志在一篇评论中宣称，“即使在杂志引入了数据检视过程之后，仍然有高于20%的被接受的论文包含有‘有问题的数据’”。

对科学家而言，数据并不绝对可靠。当弗朗西斯·克里克和詹姆斯·沃森（James Watson）探索DNA结构的时候，他们不得不摒弃其他研究所发现的所谓的“真相”。他们的重大突破起源于一个同事指出那些他们曾深信不疑的教科书里的信息或许是完全错误的。他们或许被那些猜测（主要是关于化学键角度）误导了，那些猜测因为被引用的次数太多，已被人们习非为是了。因此，克里克说，他学会了“不要过分相信任何单一来源的实验数据”。沃森的观点也类似：“有些数据就算不是完全错误，也会被错误的解读”。克里克和沃森如果没有这种颠覆性的认识，就不可能做出他们那改变世界的发现。一旦涉及到数据，科学家们就会变成无序主义者。自古以来都是这样。

科学史学家认为，最早的科学造假出于埃及数学家和天文学家托勒密之手：公元2世纪，他挑选有利数据以支持自己的天文模型。然而，也有一些科学家没有挑选重要数据的本事，例如伽利略，他只是希望使用纯粹的人格力量让人们重视他的观点。

也许伽利略本人对无序状态的倾向是显而易见的。根据圣洛伦佐教区的登记，虽然笃信宗教，但他的三个孩子却是未婚所得。这三个孩子——两个女儿和一个儿子——的母亲是伽利略的情人玛丽娜·甘巴（Marina Gamba）。出于无人知晓的原因，伽利略从未娶过甘巴。这种离经叛道的行为似乎预示了他即将进行对天主教会的传统进行更直接、更著名的挑战。

具有自由思想的伽利略一定很高兴看到马菲欧·巴贝里尼（Maffeo Barberini）在 1623 年成为教皇乌尔班八世。此位教皇在卡拉瓦乔（Caravaggio）的画像中是一位有趣的人，并对文艺复兴很感兴趣。他一直支持伽利略的科学探索，且喜欢讨论伽利略的观点。其中一个讨论的热点是，哥白尼的日心学说，认为太阳而非地球是宇宙的中心。伽利略热衷于证明哥白尼是正确的，乌尔班八世渴望得到一个令人信服的证明。伽利略说，潮汐证明了这点，他向教皇提议写一本名为《潮汐的对话》（*Dialogue on the Tides*）的书。乌尔班站位更高，并坚持将这本书命名为《两大世界体系的对话》（*Dialogue Concerning the Two Chief Systems of the World*）。

关于潮汐的理论出现在该书的第四章，且成为了伽利略认定地球是在太空中运行的最有力证据。他的论点集中了两个事实：地球既有旋转运动（轴向的旋转）也有直线运动（空间的运动）。因此，地球表面上的任何一点都将像车轮边缘上的点那样：旋转并前行。这种运动的组合产生了不断变化的运动速度。如同任何一个在马车里端着啤酒的人所能感知的，不断变化的运动速度会导致啤酒的晃动。伽利略说，这就是出现潮汐的原因。

事实与此并不相符。基于伽利略理论的数学模型得出结果，每天会出现一次潮汐。事实上，他的任何一个威尼斯的朋友都能告诉他，每天会出现两次潮汐。同样，根据伽利略的计算，每天潮汐的最高潮应发生在同一时间。事实上，任何一个水手都知道，情况并非如此。此外，伽利略从未考虑过月亮对潮汐的影响，而这在当时早已家喻户晓。约翰尼斯·开普勒（Johannes Kepler）在 30 年前就提出了这个观点并发表在

1609年出版的论著《新天文学》（*Astronofabiaoyumia Nova*）上。伽利略为了不让月亮毁了他完美的构想，竟嘲笑开普勒关于月亮的观点是儿童般的神秘构想。他说，“关于月亮会影响潮汐的这个观点是‘无用的虚构’”。

我们不能简单地作如下认定，伽利略并未意识到自己的理论与当时诸多关于潮汐的共识之间的不匹配。真实情况或许是，他似乎有意忽视了对自己不利的数据，因为他确信地球是运动的。他需要去说服其他人，无论采用什么办法。

艾萨克·牛顿也做过类似的事。根据威斯敏斯特教堂（Westminster Abbey）里他的纪念碑上的记载，他可谓有史以来最伟大的天才，拥有“近乎神的力量”。他是第一个获得国葬殊荣的科学工作者，他崇高的地位和科学才华足以使亚历山大·蒲柏（Alexander Pope）写出以下名言：

> 自然与自然之谜藏于黑暗，
>
> 上帝说，“让牛顿知道！”一切方才显现。

蒲柏未提及牛顿的任何阴暗面。事实上，他鲜有朋友且树敌众多——尤其是那些质疑他学说的人。反对他的人会遭到一连串的侮辱，以及对他们人格和工作的凶猛抨击。在后半生，牛顿成为了皇家铸币厂的厂长，并对真理的概念更加漠视。他对如何遏制造假币非常在意。造假币随后被认定为叛国罪，当时，对叛国罪的惩罚是绞刑和分尸。有人认为，牛顿以不确切的证据处死了很多人，部分告密者也许只是为了获得赏金。

有人认为牛顿极端的性格应归咎于他晚年沉迷于炼金术而摄入的汞。但事实上，他也并非没有缺点。牛顿最著名的著作《自然哲学的数学原理》中，也有些部分“证据不充分”。据他的传记作者理查德·韦斯特福尔（Richard Westfall）说，“如果该书建立了现代科学的定量模式，那么，它同样暗示了一个不那么崇高的真理——没有人能像一个熟练的数学家那样高效地操作捏造数据。”

牛顿修改了音速、岁差、月球重力和潮汐高度的理论计算方式，以适应他的实验结果。该书每次再版，他都会在采用数据的同时提高计算精度以作一些修正。韦斯特福尔将其称为，“在他对手的眼睛里吹入精心炮制的混淆粉末。”

事实上，对科学家来说，这种行为还是可以接受的。托勒密因“真诚的动机”而获得了宽恕，按照哈佛大学历史学家欧文·金格里奇（Owen Gingerich）的话来说，“只选择对你有利的数据进行发表是司空见惯的事情。”最著名的是，爱因斯坦为伽利略进行的辩护——这次是因为伽利略关于地球围着太阳转是正确的观点。“正是伽利略对地动学说的执着，才导致他建立了一个错误的潮汐模型，”爱因斯坦在现代版本《对话》的序言中写道，“他努力的价值更多在于‘内涵’，而不是直接的‘真理’。”在这里，我们能看到一个新模式的萌现，揭示了这些秘密的无序主义者的本质。

2007年，《自然》杂志关于学术不端的报告中指出，“少数易导致行为不当的危险因素似乎也有益于科学的发展”。看上去，事实确实如此，伽利略和牛顿是科学之父。特别是牛顿，他在观察和数据方面发挥了巨大作用，为未来几个世纪的科学设定了基础。但数据，如我们所见，并非一直值得信赖，科学家们私下里也经常依靠直觉指导自己的工作。当直觉与数据发生冲突时，他们有时也会偏向直觉。正如彼得·梅达瓦提到的，“深爱自己假说的科学家们，通常不喜欢自己得出的实验结果”。

只要是他们感兴趣的对象，都值得迷恋。

在20世纪初，罗伯特·密立根已年近不惑。在他周围，物理学是最令人兴奋的学科：约瑟夫·约翰·汤姆森（J. J. Thomson）刚发现了电子，马克思·普朗克（Max Planck）刚将量子理论写入科学的华章。更耀眼的是，爱因斯坦已明确了万物皆由原子构成，根据他的狭义相对论，宇宙比任何人的想象都怪异。

另一方面，密立根并没有什么成就。所以他决定测量 e，即电子的电荷。找到 e 值非常重要，因为当时电子的存在及其电荷，是当时国际上争论最大且最热门的议题。尽管汤姆森表面上已在 1897 年发现了电子，但德国物理学家们——当时最好的物理学家群体——并不认同。

他们怀疑的基础来自于“以太”（aether），一种被认为充斥在所有空间中的幽灵般的流体。以太可以作为光传播的媒介，德国物理学界一致认为汤姆森发现“带负电物质”的实验仅能证明电流是以太的一种表现形式。

根据现代科学史的看法，在 20 世纪本不应该持有这种观点。1887 年，两位美国物理学家亚伯拉罕·迈克尔逊（Abraham Michelson）和爱德华·莫立（Edward Morley）进行的一项实验表明了以太并不存在。他们一直试图通过寻找哪个方向上光线运动得最快，以推断地球带着我们在太空中穿越以太进行运动的速度。地球表面上的任一个点的运动方向一直随着地球自转和围绕太阳的运行而不断变化。与你在空气中移动时会感觉到风一样，当地球通过以太时，应该会有“以太风”。因为，以太能携带光，地球的运动就能导致来自不同方向的光的速度出现差异。令人惊讶的是，迈克尔逊和莫立没能发现他们预想中的差异：光没有“最快”的方向。因此，唯一的解释是，以太不存在。

迈克尔逊和莫立的工作如今被认为是一个经典实验，如今它被赋予了一些更积极的意义。因为没有以太的存在，所以测量地球运动速度的计划注定失败。在科学领域中，阴性的结果通常不会被报道，加上无人宣传，实验结果更容易被忽视。这个阴性结果经过几十年后才引起了国际社会的注意。

但密立根并未忽视该结果：因为亚伯拉罕·迈克尔逊是他的老板。无需太强的洞察力就能推测，密立根一定知道，如能测得 e 的数值，他的职业生涯会立即收获巨大成就。如果他能测定单个电子的电荷，他就能为证实迈克尔逊和莫立的工作并推翻以太学说加上一把力。对于一个苦苦挣扎的年近中旬的初级研究人员来说，这个前景是无法抗拒的。

密立根的办法很简单。带有电荷的水滴会被吸引到带相反电荷的金属板上。他设计了一套装置，使电荷间的引力可以向上吸引水滴，以对抗水滴自身向下的重力。这为他提供了一个测量 e 的方法。首先，他通过测量水滴的大小以确定它的质量。随后，他测量多少伏特的电压能抵抗向下的重力使水滴被吸引到上方的金属板。通过这两个数据的获取，他能算出水滴上带了多少电荷。密立根猜测——他猜对了——不论水滴带了多少电荷，这个数值一定是某个数值的整数倍。而这个数值就应该是 e，它是对汤姆森的电子来说至关重要的电荷。

不够，这个实验做起来比理论上困难。密立根发现，水滴总是在完成任何一项测量前就出现了蒸发，所以他指派自己的硕士生哈维·福莱柴尔（Harvey Fletcher）使用油滴进行该实验。而这，恰是混乱开始的地方。

当密立根和福莱柴尔通过技术的改进使实验基本可以进行的时候，密立根将他的学生踢出了项目组，又在其他项目中给他安排了工作。甚至密立根的拥趸，加州理工学院的物理学教授大卫·古德斯坦（David Goodstein）都承认这是一种自私的行为："密立根当然清楚，测出 e 会给自己带来怎样的声誉，他希望由自己独享。"福莱柴尔毫无反抗能力。"我不喜欢这样，但我没有办法，只好同意了。"他在密立根离世后才发表的回忆录中如是写道。

密立根顺利地摆脱了这名不幸的学生，他利用喷雾器和可以观察油滴的容器制造油滴。有些油滴会在从喷雾器喷出时丢失电子，这样就能带上正电荷。另一些会捕获电子，从而带上负电荷。密立根将置于装置上下两侧的金属板通电，以观察油滴的上升和下降。

在 1910 年，42 岁的密立根发表了自己对 e 的测量结果，这是标志他职业生涯高度的文章。最终，在全世界——但是要感谢在德国工作的科学家——扬名之前，密立根还得经历一些争议与议论。

性格古怪且顽固的澳大利亚物理学家费利克斯·埃伦哈夫特（Felix

Ehrenhaft）很快开始驳斥密立根得出的结果。他进行了类似的实验，并声称得到了比密立根更小的电子电荷数值。与密立根的工作相反，埃伦哈夫特的实验结果提示电荷可以无限小，最小的电荷单位根本不存在。埃伦哈夫特说："根本没有什么'电子'。"现在，密立根不得不向全世界证明，自己是正确的，埃伦哈夫特是错误的。绝望的密立根为此而进行的一系列实验。

欲反驳埃伦哈夫特的论断必须证明油滴上的电荷永远不会小于 e。现在，他只能孤军奋战了：福莱柴尔已获得博士学位并毫不迟疑地离开了他的实验室。密立根花了三年时间才做出了自己满意的结果，而他的原始记录里字迹潦草、感慨颇多，数字纵横交错。很显然，密立根并不打算将它们公之于众。

事与愿违，历史学家杰拉尔德·霍尔顿（Gerald Holton）在 1980 年从加州理工大学的档案馆中翻到了他的笔记本。霍尔顿的目的是想弄明白表面上衣冠楚楚的科学背后有何种程度的混乱。他的本意并非想挑起一场长达数十年的论战。

出现的主要问题是，关于密立根的诚信问题。根据哈佛的生物学家理查德·莱旺顿（Richard Lewontin）的说法，密立根"似乎特意隐藏了某些不方便的数据"。古德斯坦为密立根辩护，说密立根并不承认在测量电子电荷的开创性工作中存在科学欺诈。那么，真相为何？

争论源于密立根发表于 1913 年的论文中的一句话。早在 1910 年，密立根就已发表了 e 的一个值，而这个值与今天我们使用的数值只有 0.5% 的差距（误差在于他的做法是合理的，只是对空气的黏度估计有偏差）。这篇发表于 1913 年的文章主要用于驳斥埃伦哈夫特，并表明每一个测量值都是 e 或者 e 的整数倍。在这篇文章中，密立根宣称他的数据"包括了所有实验中全部 58 个不同液滴数据的完整统计结果"。这个声明是用斜体书写的，意在强调。但是，这篇文章的原始记录表明，密立根实际上测量了 100 个油滴。那些看过霍尔顿分析的人不禁会问：密立根是否为了证实他的原始结果并把埃伦哈夫特踩在脚下而对数据作了精心挑选？

他显然是有动机的。在密立根1910年那篇文章中，他犯了一个过于诚实的“错误”。在这篇文章中，他宣称，“尽管所有实验得到的*e*值都在最终均值的2%的范围之内，但鉴于结果的不确定性……我认为不得不将它们舍弃。”另一句话更致命：“我舍弃了一个不确定且未重复的数据，这个液滴大概只带有一个电荷，而它的值比最终获得的*e*值低了30%。”这个令人钦佩的诚实，为长期与他不和的埃伦哈夫特攻击他对数据作了挑选提供了弹药。

凡事总会有解释。密立根在这篇1913年发表的文章中舍弃了25个液滴的结果。根据古德斯坦的说法，“密立根更倾向于使用那些在实验过程中损失或者获得一个电子的液滴。”古德斯坦继续说，“密立根可能会将一些过大或者过小的液滴判定为无效数据。如果它们的体积过大，可能会出现无法准确测量的情况；如果它们的体积太小，它们在下降过程中会因空气分子的随机撞击而出现误差。”古德斯坦解释道，“实际上，只有58个液滴的结果是合格的数据。”

但是，随后又出现了翻转：古德斯坦撤回了他关于液滴“过大”和“过小”的辩护。因为，在首次实验中，所有的数据都应受到同样的重视。密立根手里有17个液滴的完整数据未列入他的文章中。“我认为，密立根那斜体字的声明就是撒谎，”凯斯西储大学伦理学教授卡洛琳·惠特贝克（Caroline Whitbeck）说：

> 说这些话到底有什么意义，更别说还用斜体字强调？密立根的声明显然是在否认自己有舍弃数据的行为。他觉得自己有必要对（有利于他的）数据的选择进行解释，但这并不能完全解释他这样做的原因，密立根撒了谎。

显然，密立根没能说服他的同行。他与埃伦哈夫特的争论旷日持久，以至于让密立根获得诺贝尔奖的日子延后了3年，直到1923年。即使在获奖之后，事情也远未解决。1927 年，一位杰出的物理学家评论说，“这次‘争执’已持续了 17 年，直到现在也不能断定哪方才是真理。”

当然，重要的是：密立根关于电子和它的电荷的结果是正确的。几乎没有实验室能复制埃伦哈夫特的实验结果，而全球的学生都能在学校的实验室里不断重复密立根的实验。现在，大家认定，只有密立根的 *e* 值才是正确的最小电荷单位。

为了得到诺贝尔奖，密立根不得不拼命工作以尽快获得数据，与此同时还要干一些我们称之为“惯例（accepted practice）”的事情。科学作家乔治·约翰逊（George Johnson）在他的《十个最美丽的实验》（*The Ten Most Beautiful Experiments*）中介绍了密立根的工作，但他并未掩饰密立根的野心导致的阴暗面。“美在于实验本身，而不是实验者。”约翰逊如是说。

科学的混乱无序也许确实不美好，但它很有用。2005 年，伦理学家弗雷德里克·格林内尔（Frederick Grinnell）在写给《自然》杂志的信中提出了一个有趣的观点。在基础研究中，他写道，“直觉对研究者而言，是一种重要的或许是最好的助手，以帮助他们区别真实数据与干扰数据。”格林内尔的意思是，通过直觉去掉一些他们认为不好的数据点，就像密立根做的那样。这并不美好，也不明智，但这就是现实存在的。

格林内尔写这封信的用意是为了回应一篇关于学术不端的研究论文——《科学家们行为不端》。该论文由布赖恩·马丁森（Brian Martinson），梅丽莎·安德森（Melissa Anderson）和雷蒙德·德弗里斯（Raymond de Vries）于 2005 年 6 月发表在《自然》杂志，论文引起了轩然大波。当美国研究诚信办公室仅关注三种不端行为——篡改数据、编造数据、剽窃数据——的时候，马丁森和其他作者都觉得研究者“不应继续容忍广义的可能危害科学诚信的可疑行为”。于是，他们做了一项民意调查，向数千名科学家邮寄了一份调查问卷，询问他们在过去三年中做过哪些坏事。

半数科学家作了回信。如同马丁森指出的那样，跟行为“正常”的人相比，有不端行为的科学家通常倾向于不回复邮件，所以他们的结果可能会比较保守。即使如此，回复的结果也令人震惊。三分之一的回复者都有过一项以上的行为符合“排行前十”的不端行为。这些行为包括篡改数据、摒弃与之前实验结果不符的数据、修改实验设计以适应资助者的需要，以及盗窃他人思想等。重要的是，这些行为都发生在三年之内。

文中指出，处于职业生涯中段的科学家——像罗伯特·密立根当年那样——更容易犯这些错误。那些对资金资助的评价方式愤愤不满的人也同样容易行为不端。除此以外，身份也影响着学术不端的出现。“明星科学家”更容易出现这些行为，但与普通科学家相比，他们更不容易被发现。

阿尔伯特·爱因斯坦的名字，已成为了天才的同义词，在本书中也多次出现。这里，走近观察他的学术不端行为，也许更令人感兴趣。如果强迫爱因斯坦诚实填写布赖恩·马丁森的《科学家们行为不端》的调查表，他可能会选择里面16个不端行为中的5个。如果我们将选项中不适合他的研究领域的那些不端行为剔除，他的命中率则达到了三分之一以上。爱因斯坦是一个能取得重大科学成就的科学家的完美例子，这说明一些小错在重大突破面前微不足道。

爱因斯坦的现实情况为现今大学人事部门敲响了警钟。密切关注这个天才会发现，他是个花花公子，甚至与他情妇的女儿有染。当面对两个女人的时候，他只是耸耸肩，然后让她们自行决定如果他与现任妻子米列娃（Mileva）离婚，谁将成为继任者。在他的离婚协议中，他傲慢地承诺，将尚未获得的诺贝尔奖金全部分给米列娃。但当他拿到钱之后，他只支付了一半的资金给对方，他想方设法减少抚养费的支出。他要求大学在他退休后仍能给付全额工资，否则，他会利用自己的声誉打压他们。他通过税务专员搞钱，切断了给他罹患精神疾病的儿子的经济供给，导致他在精神病院以“第三类”患者的身份死去。

所有这一切都与爱因斯坦的科学诚信无关，但认为科学态度与人品完全无关的想法非常天真。个人生活和职业生涯很难完全隔离，性格特征绝不可能对一个人的其他行为不产生任何影响。

爱因斯坦本质上是个不诚实的人吗，无论是爱情还是科学？答案是否定的！但是，他的职业生涯也确实存在污点。这位英雄般的科学家显然是一位充满激情和天赋的思想者，他决心明晰宇宙的秘密并公之于众，认为科学的惯例是指南而不是刻在石头上的法律。他很清楚，要遵守某些游戏规则，但有时候又必须有所突破。当然，对于他来说，这些突破绝不只是选取对自己有利的数据。

1915 年初，当时挑选数据被认定为学术不端行为，但不严重。在华沙（Warsaw）的郊外，德国军队正忙于实验德国化学家的作品。甲苄基溴——俗称催泪瓦斯——在第一次使用时的效果令人失望：在波兰 1 月的寒冷空气中，它被冻结了，没能弥漫开。当军队改用致命的毒气弹时，情况就不一样了。在伊普尔（Ypres），氯气在 10 分钟内杀死了 6 000名盟军士兵。

与此同时，以自己地位和安全为赌注勇敢地反对战争的爱因斯坦正进行着自己的私人战争。他努力地推广狭义相对论，尽管该理论描述了能量与质量的存在如何影响了宇宙的结构，但无人问津。为了缓解沮丧，他走进了柏林的一个实验室，开始摆弄一些铁磁体。

他对电干扰毫无兴趣，他相信汤姆森的电子。此外，他怀疑，磁性是由铁原子内电子的循环运动引起的。作为一种消遣，他决定将这件事验证一下。

在同事的帮助下，他利用玻璃纤维将未磁化的铁棒悬在空中，然后用磁铁来改变这个铁棒的磁化状态。根据角动量守恒定律，一定会产生相反的补偿运动。为了保持角动量，铁棒将被迫与电子运动相反的方向旋转，这正是爱因斯坦发现的。

他的理论预言，特定的磁化量会引起特定的运动量。磁化量与运动量的精确比值被称为旋磁比，其数值应为 1。他的实验结果为 1.02，足够消除对理论正确性的任何怀疑，正如他在对德国物理学会的报告中提及的。他写信给自己在伯尔尼专利局的朋友和前同事米歇尔·贝索（Michele Besso），“一个完美的实验！可惜你没看见。”

然而，当其他人试图重复该实验时，结果就没那么完美了。经过 6 年的实验，旋磁比的结果为 2。爱因斯坦在他自己（错误的）理论的指导下，一直拒绝相信所有非 1 的结果。多年后，爱因斯坦的实验合作者，荷兰物理学家约翰内斯·德·哈斯（Johannes de Haas）承认他们当时做了两次实验，获得的数值分别是 1.02 和 1.45。爱因斯坦选择并出版了符合他理论的数值。

这并不算什么罪大恶极，但爱因斯坦的小错误告诉了我们两件事。第一件事，挑选数据很少受到惩罚，这只是你进行科学研究的方式。有时，如同密立根一样，它还很有用，而历史会将你粉饰成英雄。有时，又如同爱因斯坦和旋磁比一样，即使没用，历史也不会将你怎样——既因为它重要性不大，又因为只有当别人得到正确答案时才会发现你的错误。届时，那些本该扑向你的嘘声或许已被送给那些成功者的欢呼声淹没了。

第二件事，可能更有意思。爱因斯坦对科学的“神圣”过程完全不感冒。而这，在某种程度上，对所有的科学家来说，都是不可侵犯的。爱因斯坦曾说过，“如果你想知道理论物理学是如何完成的，你最不应该问的是理论家”。他说：“我建议你坚持一个原则：别听他们说的什么，将注意力放在他们的行为上。”

他后来意识到，这样一种态度不是一个科学家应该在大众面前呈现的，于是他开始乐于发表公开声明，如著名的“没有多少实验能证明我是正确的，而一次实验就能证明我错了”。多么完美的辩解，但事实是，爱因斯坦拒绝接受任何非他的理论推理出的旋磁比的数值。当他谈到相对论时，也有一种相似的心态。即使在实验证明它有错的情况下，他也永远自信自己的正确性。“我会为亲爱的上帝感到难过，”他曾对一个学生说，“无论怎么说，我的理论都是正确的。”

对于理论家来说，这是一个彻底的防御状态。保罗·狄拉克（Paul Dira）对待理论与实验结果冲突的态度也非常相似：“如果一个人的工作和实验结果不完全一致，他不应让自己过于气馁。唯一不应采用这种态度对待的例外是，理论家故意捏造了自己的理论。”爱因斯坦非常幸运，当他犯错时，上帝是善良的。

一般认为，理论学家对最严肃的学术不端，即马丁森表格上的第一项，是天然免疫的。伪造或者“炮制”数据——伪造科学的硬币，如同大卫·古德斯坦说的——被认为是那些不需要做实验的人不可能犯的错。但是，事实并不简单，构架数学理论与做实验的难度区别不大——每一步都需要细节的注意，稍有不慎就会前功尽弃。你必须仔细观察未经证实的假设，例如：数学模型是用来处理特定情况的，在一个情况下适合的模型不一定适合另一个情况。因为，将一个公式放入以火车的速度移动的背景下或许实用，但并不意味着将它放入以接近光的速度移动的背景下也适用。爱因斯坦是典型的无序主义者，他拒绝让这种不方便的细节妨碍一个好的思想。

1905 年，爱因斯坦的直觉告诉他，有些东西“很诱人”：物体的质量会因发出光脉冲而变化。这促使他的思想结晶为最著名的公式 $E = mc^2$，以光脉冲形式失去的能量等于质量乘以光速的平方，但他并未能将自己的公式证明。

他的首次尝试——发表在 1905 年 9 月的《物理学年鉴》（*Annalen der Physik*）上的论文——就存在错误。爱因斯坦使用的公式只适用于缓慢移动的物体。描述快速移动发光物体，则需要一种完全不同的方法。根据物理学家汉斯的说法，“这个错误属于任何业余数学家都知道避免的，但爱因斯坦并未理会它。”汉斯通过丰富的想象力认为，爱因斯坦的精力已被他在几个月前完成的狭义相对论耗尽。在接下来的 41 年中，

爱因斯坦先后又为 $E=mc^2$ 做了八次证明，每次都有虚假的内容。

以 1912 年的证明为例。他所采取的方法是从另一位物理学家马克思·冯·劳厄（Max von Laue）所完成的工作借来的（而他并未提及这点）。在试图使它成为自己的成绩的过程中，爱因斯坦不得不承认自己做了一个荒谬的假设。有一个脚注写道："可以肯定的是，这并不严谨。"为了弱化这种荒谬，他提出，这种对他不利的假设"雕琢的痕迹太重，所以我们根本不会考虑它的可能性"。这已经不是尝试欺诈，或者掩盖真相了，它更像是一个智慧的把戏，一个使用暗示力量的魔术师。如果之前对数学的捏造是爱因斯坦效仿牛顿的风格，那么，这次则是学习伽利略的手段以让别人提不出问题。

最后一次证明 $E=mc^2$ 的尝试发生于 1934 年，当时，爱因斯坦在一次科学家聚会上为方程发表了一个"修正过的"证据。一位《纽约时报》的记者出席了会议，并将之发表为头条新闻。记者滔滔不绝地谈论着爱因斯坦的演讲："就像在看贝多芬完成他的第九交响曲的最后创作。400 位美国科学家观看了他对宇宙的重塑，一支粉笔就是他唯一的工具。"但他的证据仍然是错误的，与他的第一个证明出错属同一原因。这一错误早在几年前就被人们指出了，指出这个错误的不止量子理论的创造者马克思·普朗克（Max Planck）一人，但爱因斯坦并未重视，或者是主动选择了无视普朗克的劝告。

这件事情其实并非《纽约时报》描述的那么有影响力。即使在 1905 年，也没人会被这个方程式震惊：因为质能之间的联系已经因电，或者光的存在而被广泛接受。在 1934 年以前，一些数学家已发表了一些确凿的证据，相比之下，爱因斯坦的尝试显得拙劣。但是，截至那时，爱因斯坦都将这个公式归为己有。他驳斥一切可能动摇该公式"优先权"的任何尝试。直到 1949 年，他出版了一本自传，里面的内容显示他准备退缩了。尽管该书里记载了他对物理学的所有贡献，但在里面，$E=mc^2$ 无处可寻。

来到马丁森清单里的第九项，我们发现了爱因斯坦的另一个不端行为，他犯了“忽视问题数据或者有解释歧义数据的其他用途”。我们应该感到惊讶吗？亚瑟·爱丁顿（Arthur Eddington）的数据支持了爱因斯坦的理论，新的问题数据试图解决旧的问题数据。

关于爱丁顿使用问题数据常被学术界提及。我们严重忽视了他最重要的动机：不仅是证明爱因斯坦理论的正确性，还要为了结束国家间的敌对行为。

亚瑟·爱丁顿是贵格会教徒（Quaker）。虽然今天的贵格会看起来是一个温和的群体，善待任何人也不固守任何传统，但19世纪可不是这样。爱丁顿的价值观是在早期的贵格会中形成的。他们拒绝传统的基督教观点，乐于依靠他们的大脑而不是《圣经》，大多数人都渴望看到全人类的善，不管肤色或信仰如何。贵格会始于17世纪奴隶制废除的时期，几十年后，威廉·威尔伯福斯（William Wilberforce）全身心地推动了它的发展。

第一次世界大战爆发后，爱丁顿决定参加战争——目的是为了和平。他积极且激进的贵格会精神促使他寻找可能结束各国分歧的任何方式。他明确表示，战争不应影响冲突双方科学家之间的工作关系。1918年4月，当他被征召到英国军队服役时，有了进一步推动这一事业的机会。

爱丁顿拒绝了军队的征召，成为了拒服兵役者。这引起了一系列为期持久的听证会，许多有地位的同事试图帮他争辩，爱丁顿正担任剑桥天文台的主任，免除兵役应该是合理的。爱丁顿并未领同事的情，他否认了同事们提出的争辩。他说，“科学的重要性并不是他寻求豁免服兵役的原因，我反对战争是基于宗教原因。”他告诉听取他陈述的剑桥法庭董事会，“我无法相信，上帝会召唤我出去杀人。”

这是一种非常危险的说辞。损耗严重的英国军队迫切地需要更多的新兵。良心上的不安（违反上帝的杀人旨意）不再被视为合理的避免服兵役的正当理由，而贵格会的同仁们仍然因此拒绝服役，包括圣约翰大学的数学家埃比尼泽·坎宁安（Ebenezer Cunningham）。结果是，这些反对者仍然在英国士兵和民众的轻蔑和迫害中被强征入伍，并被分配去执行扫雷或者其他更危险的任务。

爱丁顿的命运被皇家天文学家弗兰克·戴森（Frank Dyson）拯救了，因为戴森比其他人更清楚爱丁顿的重要性，给了他一个体面的台阶。自1915年发表以来，戴森一直对爱因斯坦的相对论好奇。他对相对论的某些内容持怀疑态度，曾尝试设法证明或反驳它。他发现，寻找确切证据的唯一途径似乎是找出一种新方法检验该理论的预测是否正确，即确认是否存在质量弯曲空间的现象。爱因斯坦说，空间的弯曲意味着光线不会永远沿着直线运动。如果爱因斯坦是对的，从遥远的恒星发出的光，在近距离途经太阳这种大质量的星体时会沿着弯曲的路径通过。同时，这条曲线会导致我们观察到的那些恒星在天空中的观测位置与真实位置出现较小的偏差。

这个办法听起来很简单，但它会面临两个复杂的问题。第一，牛顿的经典物理学同样宣称过光的运行轨迹会被极大质量的物体弯折，只是牛顿效应的计算值只有相对论预测的一半左右。第二，观测几乎与太阳在一条直线上的恒星存在显著的困难，唯一的解决办法是在日全食期间进行观测。

戴森研究过以前日食时拍摄的照片，但他并未找到能证明或反驳爱因斯坦理论的证据。之后，他发现，如果科学家们做好了准备，1919年底的日全食将能提供他需要的数据。研究全部的日食，日全食只发生在地球表面的一个狭长地带内，只有少数观察点能进行所需的观察。为了完成观测，戴森决定，组织一组天文学家进行一段漫长而艰巨的远征，目的地为西非海岸的普林西比岛。

戴森在关于爱丁顿问题的军事法庭听证会上说，爱丁顿的工作可与达尔文相提并论，且发出了提醒，目前英国科学的学术地位已受到了国际上的广泛质疑。他说，“有一种广泛流传但错误的观点认为，最重要的科学研究都发生在德国。如果英国的天文学家们能有足够的时间准备并进行考察，普林西比岛之行将会让那些舆论闭嘴并恢复英国的骄傲。爱丁顿教授在这次观测任务中非常重要，我希望法庭允许他将这项重要的工作继续下去。”

他的策略成功了，这可让双方受益。法庭允许爱丁顿继续进行他的研究，爱丁顿也如大家期望的那样接下了这个任务。如爱丁顿传记作者之一的马修·斯坦利（Matthew Stanley）的记录，“这对他来说是个好机会，可以为一位爱好和平而才思敏捷的德国人带来科学与社会上的巨大声望。”

换句话说，爱丁顿相信爱因斯坦是正确的，他已准备好接受上帝赋予的证明这点的机会，这与戴维的初始想法完全不同。普林西比岛之行是一个将和平带给地球的机遇。爱丁顿在多年后的一次声明中指出，“他对爱因斯坦理论的确认是具有国际意义的。”

既然确定了爱丁顿希望确认爱因斯坦理论的动机（也许是他所有动机中最好的一个），那么，就让我们睁大眼睛看看他如何操作吧。

可以说，上帝之手将爱丁顿送到了普林西比岛，但它并没有为随后的观察带来任何帮助。探险队面临暴风雨的袭击，成员们不得不为观测设备建造防水掩体。由于岛上的昆虫数量众多，每人都得服用奎宁，然后将自己躲进蚊帐中。晚上，猴子会从森林出来，好奇地在望远镜上爬来爬去，扰乱设备的设置。愤怒的科学家们和技术人员不得不猎杀这些入侵者。

随后，在日蚀的那个早晨，天空终于有些放晴了。虽然在日全食前雨停了，但灰蒙蒙的云层仍然覆盖着整个天空。当它稍微通透一点儿的时候，爱丁顿通过望远镜拍摄了一些太阳的照片，但云层对恒星图像的干扰很大。可以想象，照片很难令人满意。在日食期间，爱丁顿总计拍摄了 16 张照片。一个星期后，他打算洗出 12 张，但其实只有 2 张可用。“多数照片几乎没有星星，”他说，“这令人失望。”

事实上，爱丁顿放弃了最初的通过度量底片来计算星星位置的方法。他采用了一种新方法，这种新方法包含了一些假设和爱因斯坦理论计算得到的位移值。不出所料，爱丁顿得到了一个令人满意的结果："我测量到了一张完好的底片，得到了与爱因斯坦一致的结果，且第二张底片可以作进一步确认。"

测量的结果是位移值为 1.61 弧秒。正如爱丁顿所知，爱因斯坦的理论预测该值为 1.75 弧秒。当时，牛顿理论提供的位移值为 0.8 弧秒。爱丁顿很高兴自己能宣布爱因斯坦为获胜者，如同他后来提到的，"虽然证据没有预期的那么有力，但作者（他必须承认自己并非完全公正）相信它的说服力。"

爱丁顿并非唯一想在 1919 年日全食期间证实相对论的人。皇家天文学会也派出了一个小组前往位于巴西东北部的索布拉尔（Sobral）。他们配备了一台天体望远镜，与爱丁顿使用的一样，并遇到了晴空万里的好天气，这让他们得到了很多照片。事实证明，晴朗的天气也有它的不利条件：巴西的高热扭曲了一个用来将星光聚焦在主望远镜上的反射镜。结果，获得的图像稍有模糊。5 月 30 日，4 张照片被洗出后，一份实验记录承认，"这些底片能得到多少结果，似乎还存在疑问。"

最后，他们据此结果得到了一个偏移值：0.9 弧秒。这个值实在太低，无法证实爱因斯坦的理论，相反，它非常接近标准的牛顿模型。对爱丁顿来说，幸运的是，巴西小队还带了一个小一点的望远镜——当分析用该仪器获得的图像时，得出了 1.98 弧秒的偏转值。

在亨利·柯林斯（Harry Collins）和特雷弗·平齐（Trevor Pinch）关于科学及其方法的著作《傀儡》（*The Golem*）一书中对所有的实验结果进行了一个现代的分析，结论是根据 1919 年英国日食数据无法得到任何结论——8 张"好"的索布拉尔底片显示位移值超过了 1.7 弧秒；2 张"不好"的普林西比底片给出的值在 0.9 弧秒至 2.3 弧秒之间；"不好"的索布拉尔底片的平均值未超过 1.6 弧秒。

但在 11 月以前，爱丁顿决定了哪些数据最有意义：就是他选择的 2 张照片。这 2 张照片模糊得一塌糊涂，然而，当时的英国皇家学会主席

J. J. 汤姆森决定采信该证据。

也许，汤姆森对问题数据的处理有特别的敏感。毕竟，密立根和埃伦哈夫特之间关于汤姆森的电子的争论还在如火如荼地进行。他很熟悉科学家对正确情况的“感知”，即使并无真正令人满意的证据存在。所以，尽管还有很多质疑声，爱因斯坦已被证明了正确。汤姆森在皇家学会的大会上说：“尽管一般人很难充分理解摆在我们面前的这些数字的含义，但皇家天文学家和爱丁顿教授仔细研究了这些材料，他们认为这些证据对证明爱因斯坦关于偏移值的理论具有决定性的意义。”

汤姆森的声明显然并未产生预期的影响。诺贝尔奖委员会在 1921 年授予爱因斯坦诺贝尔物理学奖（出于复杂的原因，该奖在 1922 年补发）时排除了相对论。委员会写给爱因斯坦的信函中的最后一句话是，“该奖用于表彰你在理论物理学领域的贡献，特别是你对光电效应定律的发现，但本次奖项并不包括你的在未来或许会被证实的相对论和引力理论。”

如此措辞谨慎的句子对爱丁顿来说一定很扎心，但这似乎是公平的。1962 年，一组天文学家试图在日食期间重现爱丁顿的发现，但他们失败了——即使拥有更好的设备。他们断定这是伪造的。难怪爱丁顿同时代的人对爱因斯坦理论的“证据”持怀疑态度。1923 年，一位评论员曾做出过如下总结：

> 爱丁顿教授显然倾向于在非洲得到的结果，但是，他那数量稀少的天文学照片效果远不如来自巴西的照片质量好，而后者的结果却受到了显而易见的忽略。所以，现有的逻辑似乎并不那么明朗。

那么，爱因斯坦会从爱丁顿的工作中得出什么结论吗？他是否会建议我们进一步等待更确凿的支持相对论的证据？当然不会，爱因斯坦是最典型的无序主义者。

爱因斯坦“坚信”自己是正确的，根本不需要被证实。他的朋友，苏黎世的病理学教授海因利希·赞格尔（Heinrich Zangger）听说了爱丁顿的结果，写信给爱因斯坦："你关于太阳一定会弯折光线的……信心对我来说是个巨大的心理考验。你是如此的确定，你的信心能产生压倒性的效果。"

爱因斯坦甚至可能从未费心去关注爱丁顿到底看到了什么。事实上，爱因斯坦对爱丁顿的工作结果的态度非常傲慢。他写信给马克思·普朗克，宣称，"这些底片的精确测量结果证实了光线弯折的理论价值"。正如我们前面介绍的这并非事实，但爱因斯坦当时是否在故意误导普朗克，目前无从考证，因为爱因斯坦对实验数据并不感冒。

毫无疑问，他是天才。例如，在1905年，他有关狭义相对论的理论与当时电场和磁场如何偏转带电粒子束的实验数据并不相符，相反，这些数据证实了一个对立的理论。爱因斯坦对此完全不在乎，他声称，"对立的理论不足以解释其他类型的实验结果。"不久后，更精确的测量表明，狭义相对论的理论更好。

爱因斯坦曾对德国理论物理学家沃纳·海森堡（Werner Heisenberg）说，"想仅通过可观察结果去建立一个理论是非常错误的。事实上，情况恰恰相反，应该是一个理论决定了我们能观察到什么。"这个想法似乎支持了爱丁顿的这段话：

> 现象和理论相交织，会发挥最大作用，彼此相助地去寻求真理。在理论被现象证实之前，不要过分相信理论，这是一条很好的规则。同时，我也希望自己接下来补充的这句话不会让实验物理学家太震惊——在理论被证实之前，不能过分相信观察结果，这具有同样的重要性。

在科学界，什么都有可能发生。对吗？也许，通过聚焦这些著名的科学家来说明问题，我已犯下了选择数据的不端行为。不过，通过这些例子确实证实了科学的混乱性和不遵从实验结果的情况。今天，在日常的科研工作中，也是这样吗？确实如此。

也许，目前关于日常科研工作的混乱状态最令人信服的证据出现在2006年初。在本章之初，我们讨论过基于负责调查科学家行为不端的研究小组进行的普查。后来，雷蒙德·德弗里斯和同事们在2006年又发表了一篇名为《论不端行为》的论文。重要的是，他们发现，不端行为在科学中有时也起到了作用。

得到这一令人吃惊结论的交谈来自于51位科学家，他们的职业生涯大概进行了三分之一或一半，包括公立和私立的重要研究型大学的助理教授和博士后研究员等。访谈者的陈述具有娱乐性和启发性，比如下面这个例子：

> 好的，你在某周进行了三次重复实验并得到了预期结果。然后你说，哦，太好了，你打算将这个结果发表。审稿人说，"我想要一个更清晰的图片"，于是，你去重做了实验。结果是，你无法复制自己的结果……那么，你是打算放弃这个杂志并在其他杂志发表……还是打算因无法重复自己的结果而完全放弃发表这个结果？这是造假吗？不！那一周的结果可不是假的，只是我也许无法再重复出来……有很多选择是灰色的……但它们并不是真的造假。

还有：

> 一个我们领域常见的桥段。一些显然是刚刚才得到的结果……研究人员谈起这些结果时，会说，"我们已为此研究了20年，现在，终于得到了令人振奋的结果……"

另一个令人信服的迹象表明，这种态度是根深蒂固的：你不能通过教育或监管以进行削弱。前面提到过，在引入数据检视过程后，《自然·细胞生物学》中发表的"问题数据"的比例并未受到影响。在得克萨斯大学的研究人员中开展伦理课效果不佳。事实上，一项 1996 年关于道德教育影响的研究发现了一个奇怪的扭曲现象，当时的德育教育并未减少学生犯某类轻微犯罪的概率。

当时，存在一个明确的事实，即使是那些犯下严重罪行的人也能继续在科学圈里风光。

2008 年，宾夕法尼亚大学的研究者芭芭拉·雷德曼（Barbara Redman）和乔恩·F. 默茨（Jon F. Merz）发表了一篇相当出色的文章。他们跟踪了 43 名已被确认出现了伪造数据等严重学术不端行为的研究者。通过文献检索、电话采访和盯梢等方法，雷德曼和默茨发现，他们中的大部分在出事的几年之后又重新回到了学术圈，继续与同事合作并发表论文。

阅读这篇文章，你会发现雷德曼和默茨被他们的发现震惊了。他们报道，“我们工作所描绘出的图景，显示出惩戒的强度和允许重新开始的机会似乎都过于宽仁了。”

他们的震惊其实源于他们并未认识到，科学家在很大程度上都在掩盖自己的不端行为。这是《英国医学杂志》（*British Medical Journal*）的前编辑理查德·史密斯（Richard Smith）关于这个问题不得不说的内容：

> 大多数的问题也许根本没公布。他们成功地蒙混过关了；或者，有不端者被要求重新参加培训，去另一个机构就职；或者退出科学研究领域。我曾在多个国家发表过关于学术不端行为的演讲，听众通常来自许多国家。我经常问听众，有多少人知道至少一个学术不端行为的案例。通常，会有一半到三分之二的观众举手。然后，我问这些案例是否受到了充分调查，不端者是否受到了惩罚、吸取教训，并将已公布的记录进行纠正。几乎没有人举手。

按雷德曼的话说，“这样的统计结果很无奈。”

科学就是通过寻求证据来说服自己和他人相信那些你认为是真理的猜测的过程。这是一项艰巨的任务，需要坚韧不拔的精神和独创性，有时也需要一些战术。较重的不端行为，明显的造假行为（如伪造或复制结果）不可能维持太久，科学家也知道，由此获得的结果不可能满足他们内心的渴望。这就是为什么选择这样做的科学家不到三百分之一。而较轻的不端行为（挑选数据或者选择有歧义的分析问题）也许能作为武器以消除尖锐且不可避免的歧义，且不用冒任何不诚信或自我怀疑的风险。

如果没有带来什么大的乱子，以这种方式违反规则的人也能得到原谅。科学作家西蒙·辛格（Simon Singh）讨论了对爱丁顿选择数据的指责，他认为爱丁顿可能会潜意识地试图减少自己的错误，以便得到正确的结果。但辛格并不认为这有什么不妥，“不管这是否属实，爱丁顿的结果被誉为科学史上完美的部分之一。”古德斯坦对密立根的辩护如出一辙：“值得记住的是，历史证明了，密立根的结果仍然是正确的”。遗传学的先驱格里哥·孟德尔（Gregor Mendel）的数据极其干净，这在很大程度上得益于他的假设被证明为正确。

科学规定，科学家不可能不进行实验就证明自己是正确的。不幸的是，按照公认的科学方法进行有用的实验有时什么也证明不了。于是，就出现了之前我们介绍的混淆的案例。几年后，几十年后，甚至几百年后，尽管他们实验的方法含糊不清，我们仍会将这些人视为伟大的科学家，且是理所当然地接受。

如果他们的信念和直觉是错误的，这些科学家会从历史中消失。正是对直觉的理解，以及对答案的预测，标志了最伟大的科学家。西蒙·韦斯特福尔（Simon Westfall）对牛顿的研究使他认定牛顿具有主观性，然而，当确定了这一切之后，他仍对牛顿非常敬畏：“他已成为了我的全部，他是极少数达到人类智慧顶峰的至高无上的天才之一。”

3 幻觉大师

“你们为什么要杀死所有的女人，从厕所盗取我们的粪便进行巫术？”1962 年，雪莉·林登鲍姆（Shirley Lindenbaum），一位在新几内亚岛东部郁郁葱葱的高地部落（Fore tribe）生活的人类学家见证了一个非凡的景象——整个部落的妇女聚集指控她们的男人们正进行巫术和谋杀行动。

“我们这些女人为你们生儿育女，”妇女代表发言道，“你们能找出一个可怀孕的男人吗？或者，能去旧墓地找出一个被女人杀死的男人的头盖骨？你们不会找到任何东西，你们只是想把我们消灭。”

这个抱怨不无道理，这个部落的女人以及很多她们的孩子正被一种神秘疾病所累。10 年来，1 000 多名妇女和儿童罹患了一种颤抖病——库鲁病（Kuru）。另一方面，部落里的男人们几乎无人患病。到 20 世纪 60 年代初，这种疾病导致部落里的男女比例达到了 3∶1。出生率下降和适婚年龄下降同样迅速，妇女的短缺意味着女孩们几乎刚进入青春期就得结婚。

库鲁病的首发症状表现为：足部不稳、言语含糊、颤抖和震颤。患病一段时间后，患者会大笑，肌肉开始痉挛。再然后，患者会陷入沉寂，丧失行走能力，出现大小便失禁。死亡反而成为了一种仁慈的解脱。

病毒学家卡尔顿·盖杜谢克（Carleton Gajdusek）是第一个来到部落的援助医生。他于 1957 年从墨尔本赶来，但几年来的工作进展缓慢。他拍摄的部落人群的照片让人心酸：妇女和儿童拄着拐杖行走，或由他人帮助，甚至被抬着。以下是他为当时景象写的标注：

一个女孩，大约八岁，已无法说话了，但她仍然警惕而聪明……四个青春期前的孩子，生活已完全不能自理……没有人能挺过六个月的时间，所有的人都在我那次观察后的几个月内去世了……最年轻的库鲁病患者来自部落北部的法师村，在四岁的时候就因出现步态不稳被诊断患有该病，在五岁的时候去世。几年后，他的母亲也患上了库鲁病。

盖杜谢克非常理解部落的人为何将这场灾难归咎于巫术。他尊重当地的传统，甚至承认他们的巫术理论有着积极作用：

患者知道自己必死无疑。他们通过观察别人的发病过程而得知结果不可改变，他们能自如地讨论自己病情的发展而不会显露出明显的焦虑。他们会嘲笑自己蹒跚的步态和跌倒、动作笨拙、无法将食物放在嘴里和夸张的不自主运动，以及他们弟兄的加入。家庭成员与垂死的病人一同生活……父母抱着因库鲁病丧失劳动能力的孩子一同入睡，丈夫会耐心地躺在沉默寡言并已出现恶臭的配偶身旁……接受患者是库鲁巫术受害者的情感支撑着这些人，他们不会在死亡之前抛弃患者。病人的亲属首要关注的是对那些坏巫师进行的复仇，这是一种更进一步的情感支持来源。

盖杜谢克指出西药没有任何效果，就连他的家书中也带着这种无助感：

患者知道我们对此手足无措，只会延长他们受苦的时间。于是，他们转而寻求那些能忍受挨饿和病痛的技术，这会让他们在被确诊后更好地逃离折磨。

尽管盖杜谢克因无力照顾患者而感到沮丧，但他并未放弃继续研究库鲁病。这确实是一份令人沮丧的工作：疾病的来源毫无踪迹。最初，他怀疑这或许是遗传病——因为病例似乎是以家庭分布的——但随后被证明是错误的。因为许多患者家庭成员之间并无基因相关性。最终，盖杜谢克找到了原因：吃人。

由于热衷于祖先智慧的继承，高地部落的人会在葬礼上吃掉他们死去的祖先。这种吃人仪式始于女人从尸体上割下肌肉给家庭成员中的男性。在完成这些选择性的切割后，妇女们自己、她们的孩子和年长的亲属们会分食内脏器官，包括大脑。

在一个为他带来诺贝尔奖的实验中，盖杜谢克表明，将捣碎的库鲁病患尸体的脑子注射给黑猩猩后会导致黑猩猩出现库鲁病样的表现。库鲁病，他认为，是具有传染性的：源于部落妇女和孩子吃人脑，而不是男人们吃的肌肉。这是一种未知的“慢病毒”。

盖杜谢克这一突破性的论文发表于 1966 年。他和他的同事乔·吉布斯（Joe Gibbs）在接下来的几年里检测了几十种其他人类神经系统疾病，看它们是否能以同样的方式进行传播。但是，只有一种疾病是阳性结果：克雅氏病（Creutzfeldt-Jakob Disease，简称 CJD）。这一结果发表于 1968 年。同年，斯坦利·布鲁希纳（Stanley Prusiner）获得了他的医学博士学位，本章无序主义者的主角。

斯坦利·布鲁希纳在加州大学旧金山分校当住院医师的时候首次接触到了克雅氏病。当时是 1972 年，他眼睁睁地看着一个病人正承受缓慢而痛苦的死亡过程。克雅氏病的典型症状是痴呆、失明、抽搐、痉挛、沟通能力丧失。这些病人，我们几乎能肯定地假设，他们将死于孤独、恐惧和黑暗。布鲁希纳对此既惊骇又着迷，他开始阅读与此相关的科学文献。通过学习，他了解到病人死于一种从未被人成功分离和鉴定的神秘的慢病毒。这个谜团决定了他未来职业生涯的走向。

我们现在知道，库鲁病和克雅氏病是一组特殊疾病中的两种，包括牛海绵状脑病（BSE，俗称疯牛病）及绵羊和山羊瘙痒病，获此称呼是因为该病的症状包括极度瘙痒，会导致动物刮掉它们的毛发。布鲁希纳进行了一个关于羊瘙痒病研究的阅读计划，这是该组疾病中被研究得最深入的一种病。他几乎马上看到了后来被他称为“惊人”的由伦敦哈默史密斯医院（Hammersmith Hospital）的蒂克瓦·阿尔珀（Tikvah Alper）所写的报告。1967 年，阿尔珀和她的同事发现，所谓的神秘病毒并非病毒。

病毒的繁殖方式是通过强迫宿主细胞复制病毒的基因而实现。但基因是由被称为核酸的分子链组成，这些分子非常脆弱。如果它们受到紫外线或电离辐射，分子链易于被破坏。对于像我们这样的有机体而言，通常会导致危及生命的癌症。但对于病毒来说，则是更大的灾难：辐射会杀死它们。所以，当阿尔珀的团队打算将羊瘙痒病感染的大脑进行辐照时，她们非常有信心地认为能将病毒杀死，被辐照后的大脑将变成一种安全的材料。

事与愿违——即使经历了辐照，大脑材料依然具有传染性。不难得出推论，无论感染原是什么，它绝不是具有制造基因材料的核酸，它不是病毒。

阿尔珀在此之前，就曾给认为感染原是病毒的观点浇过一瓢冷水。她曾称量了能导致感染的最小重量的材料，结果显示它的分子量太小，不可能是病毒或者细菌，且不包含核酸。如果不是病毒，感染原会是何物？英国数学家约翰·斯坦利·格里菲思（John Stanley Griffith）在一篇发表于 1967 年 9 月《自然》杂志的文章中指出了这个问题的答案，他提出感染原应是一种蛋白质。

蛋白质是一长串的酸性分子，折叠成特定形状后在体内发挥特定作用。例如，血红蛋白（Haemoglobin）是一种携带氧气到身体各处的蛋白质，而胰岛素是一种能指示有多余糖分需要储存的蛋白质。但是，不管蛋白质的聪明多么令人印象深刻，格里菲思的想法似乎都非常荒谬——

要引起感染，需要一种能自我复制的病原体，而蛋白质不具备这样的能力。

在正统的分子生物学中，复制的指令编码在核酸中。病毒含有核酸，细菌也是如此。这就是为什么它们能复制，也是为什么主流观点认为，羊瘙痒病一定是由某种慢病毒所引起。蛋白质只是核酸中编码指令的产物，从表面上看，它们不具有复制能力。

格里菲思当然知道这点，但作为一名数学家，他并未受到分子生物学规范的约束。他说，“我们不需担心蛋白质病原体的存在会使整个分子生物学理论结构轰然倒塌。”他指出，“羊瘙痒病完全可以通过一种由‘动物遗传机器制造的’蛋白质进行传染。”他说，“也许，正常动物不能制造这种蛋白质，至少不会形成这种形状的蛋白质。但是，从其他动物传染而来的蛋白质很可能导致动物的天然蛋白质变成另一种危险的形状。”

布鲁希纳对此很感兴趣，他决定更深入地研究传染病原体。1974年，他获得资助修建了一个实验室，用以处理感染了羊瘙痒病的大脑，以便尽可能地提取传染性纯净的物质。在他所说的“乐观的青年”和“自大”的天性下，他在别人失败的地方成功了。1982年，他证明，从羊瘙痒病样本中获得的感染原几乎就是纯的蛋白质，几乎不含核酸——因此，没有遗传物质。所以，该感染原并不像大多数人认为的那样，是一种病毒。布鲁希纳说，这是一种蛋白质，正如格里菲思的暗示。

布鲁希纳在1982年《科学》杂志上发表的一篇论文提出了这一观点。布鲁希纳将这篇文章作为宣布他全新发现的平台。此前，生物学认为，只有两种病原体可以传染疾病：细菌和病毒。现在，斯坦利·布鲁希纳推出了第三种：“朊病毒”（prion），一个从“蛋白质感染因子”（proteinaceous infectious agent）而来的聪明的缩写。

他将这个单词的发音定为“Pree-on”（开创性的）。这里，我八卦地强调，在我的一次电话访谈中，耶鲁大学神经病理学的领军人物劳拉·曼纽利笛斯（Laura Manuelidis）认为，它的发音应该是“Pry-on”

（窃取来的）。曼纽利笛斯从不相信朊病毒真实存在，也没有其他人能确定朊病毒的存在。正如 2010 年 2 月《科学》杂志的一篇文章指出的，“‘3 年的调查并未得到直接的实验证据’，证明这些感染的原因就是蛋白质。”但这并不能阻止布鲁希纳获得诺贝尔奖。

“在每个面对未来的十字路口，传统都会派出数万名卫道士阻拦我们。”1992 年布鲁希纳以如上言论为自己的工作会议文章写了序言。这种刻薄的语气是有意的：自发表那份科学论文以来，同行和同事们已与他论战了 10 年。布鲁希纳声称，“接受他的研究是科学进程战胜偏见的胜利”。那么，这些偏见从何而来？正是从那些认为证据是科学中最重要的东西的人而来。

美国国立卫生研究院蒙大纳洛基山实验室（Rocky Mountain Laboratory in Montana）主任拜伦·考伊（Byron Caughey）认为，“布鲁希纳正在做一件可怕的事情，甚至严重践踏了自己的领域”。其他科学家更谨慎，布鲁希纳说：“他们想紧紧抓住证据。”记者们迅速乘势而上，他们将布鲁希纳描述为“多刺和侵略性的”、一个异教徒、一个江湖骗子，为了自己的想法而放弃了客观事实。为什么？因为朊病毒并不是——现在仍然不是——唯一的参与者。

事实是，没有发现任何与感染原相关的核酸并不能说明它们没有参与疾病。在 1982 年，在布鲁希纳在《科学》杂志上发表那篇文章后不久，爱丁堡动物研究中心（Animal Research Centre in Edinburgh）的理查德·基姆伯林（Richard Kimberlin）就在《自然》杂志上对他进行了抨击。他说，“感染原完全有可能是一类携带信息的分子，‘类病毒’（Virino）① 极有可能由被蛋白包被的核酸构成。尽管典型的病毒会强迫宿主表达它的蛋白质和核酸，但类病毒仅靠编码表达核酸。宿主体内的

①译者注：有人将“Prion”与“Virino”统译为“朊病毒”，但两者在病原体内是否存在核酸的观点上并不一致。故而，本书在译名上将两者区分。

基因组将决定在感染时会表达什么蛋白质。”

类病毒假说的支持者曾经——现在依然——敏锐地指出，“这样才能解释为什么不同物种患病后的表现形式会略有不同。朊病毒假说尚不能解释这些‘分支’是如何产生的”。朊病毒的支持者反驳说，“与朊病毒一样，类病毒也从未被发现过。更重要的是，病毒会被酶或辐射破坏，但是羊瘙痒病和其他疾病的感染原在受到这些攻击后毫发无损。”支持类病毒的人则说，“我们知道，很多病毒都能在酶或辐射的攻击后生存。”

于是，他们不断争吵下去。这种疾病的很多微妙之处都无法用学院派的假设来解释。基于现有的证据，尚不能让我们在上述两者之间作出抉择。这也是为什么布鲁希纳的 1997 年诺贝尔奖多少引起了人们的不快。

在宣布了诺贝尔奖之后，卡罗林斯卡医学院（Karolinska Institute）授奖委员会的委员们发现自己处于不得不捍卫自己选择的尴尬境地。例如，拉斯·埃德斯特伦（Lars Edström）承认，有人不相信蛋白质能引发包括羊瘙痒病和克雅氏病的这类疾病。“但我们相信，”他告诉《纽约时报》（*New York Times*），“从我们的观点来看，这是毫无疑问的。”

许多科学家立即对诺贝尔奖委员会援引的是信仰而不是事实表示愤慨。在洛基山实验室牵头寻找羊瘙痒病、库鲁病、疯牛病及相关疾病的布鲁斯·切斯博（Bruce Chesebro）发布新闻稿，阐述了他的反对意见。他指出，“没有人知道‘朊病毒’到底是什么。”他说，“如果诺贝尔奖的颁布阻止了人们对病毒的寻找，结果可能酿出一场‘悲剧’”。劳拉·曼纽利笛斯也提出了类似观点，她向《纽约时报》表达了自己对辩论会因此终结的担忧。在同一篇文章中，巴尔的摩退伍军人事务医学中心（Veterans Affairs Medical Center）主任罗伯特·罗韦尔（Robert Rohwer）更进一步，他将朊病毒学说与 1989 年发生的震惊物理学界的冷聚变的崩盘相提并论，当时两名研究人员因宣称创造了在室温下释放核能的方法而名声大噪。没有人能成功重复这一结果，相关的物理学家也因此丢掉了饭碗。在《科学》杂志上，罗韦尔称布鲁希纳的朊病毒假说为“传染病的冷聚变”。换句话说，这个假说可能激进且富有吸引力，但却是未经证实的。

诺贝尔奖宣布的几个月后，切斯博重申了他对朊病毒学说的存疑态度。这次出现在一篇《科学》杂志的论文中，文章指出了为什么授予朊病毒假说的诺贝尔奖不能对羊瘙痒病和克雅氏病这类疾病的研究盖棺定论。“很明显，我们对这类疾病的探索仍然浅薄，”切斯博说，“如果最近的诺贝尔奖获得者在仍然存在争议的现况下感到自满，那将是悲剧性的。这绝不仅是细节问题未解决，而是核心问题仍有待解决。”

布鲁希纳已对批评习以为常。这篇《科学》杂志上的文章开始“大爆发”并不断释放“批评的洪流”，布鲁希纳在他的诺贝尔奖自传中写道：

> 病毒学家通常持怀疑态度，而一些羊瘙痒病和克雅氏病的研究者则已经盛怒……有时候，让媒体参与也是反对者的一种手段，因为他们没法找到他们认为一定存在的珍贵的核酸，但又需要发泄自己的不满。一般情况下，媒体很难透彻理解科学争论，于是，他们通常热衷于描写任何争论，唱反调的人所进行的人身攻击在此时也变得似乎正义起来。

据诺贝尔委员会副主席拉夫·彼得森（Ralf Petterson）说，“批评的‘大爆发’甚至影响了疯牛病爆发对英国的冲击。”疯牛病危机导致数百万动物被宰杀，英国牛肉出口受到严重限制，英国政府面临政治噩梦。诺贝尔委员会成员明确提到，科学界不愿接受朊蛋白假说是加大这一灾难规模的因素之一。科学家们推迟了关于何时采取行动的政治决定。“然后，”彼得森告诉路透社（Reuters），“一切都太迟了。”

切斯博没有错。从科学的证据出发，无论是朊病毒假说还是类病毒假说都不能被证明，到今天仍然如此。然而，布鲁希纳的实验室已收到了数百万美元的资助，部分原因得益于他的一个“关于朊病毒和阿尔茨海默症等痴呆疾病间可能存在联系”的假说。曼纽利笛斯在论战中缺席了一段日子。2007 年，她在一篇驳斥布鲁希纳观点的文章中借用奥斯卡·王尔德（Oscar Wilde）的言辞表达了自己的反感：“我讨厌任何形式的争论。”王尔德曾说，“它们总是粗俗的，且常常具有说服力。”

布鲁希纳确实很有说服力。很多人会说，他用来宣传自己观点的工具极端庸俗。曼纽利笛斯说，“对我来说，这个故事就是 1936 年烟草花叶病毒争论的可怕重现。”她有一个观点：“朊病毒事件只是反映诺贝尔奖混乱无序状态的一个表象。事实上，甚至在斯坦利·布鲁希纳出生之前，这种混乱无序的状态就已出现过了。有趣的是，那个出现过的事件很可能就是布鲁希纳无序状态的根本原因。”

1931 年，病毒学家温德尔·梅雷迪思·斯坦利（Wendell Meredith Stanley）回到美国，定居新泽西。他原本是与诺贝尔奖得主海因里希·威兰（Heinrich Wieland）在慕尼黑一同工作，但洛克菲勒研究院普林斯顿分公司（Princeton Branch of the Rockefeller Institute）给他送来了一份邀请函。离开德国是个不错的选择：几年后，斯坦利就获得了自己的诺贝尔奖。

在洛克菲勒研究所，斯坦利开始致力于寻找纯化烟草花叶病毒的方法。这是首个被鉴定出的病毒——在短短几十年前——且很快成为了生物学家热衷的研究对象。在 1935 年他发表的具有里程碑意义的论文中，他声称已将病毒结晶为百分之几毫米长的晶体。这一突破成为了《纽约时报》的头条新闻——《制造中的生命》（*Life in the Making*）——因为它仅通过化学方法就得到了能自我繁衍的东西，且是活的。这种病毒不含核酸，从而模糊了活着和死亡的区别。任何认为病毒可能是某种微生物——像细菌那样生长或自我复制——的想法都遭到了否定。烟草花叶病毒可以被简单地看作一种令人惊讶的蛋白质，它能在活细胞存在的情况下自我繁殖。斯坦利在研究所的植物病理学部门（Division of Plant Pathology）工作，他们一直通过活体植物研究病毒。

当一些科学家取得非凡突破时，其他科学家通常会迅速介入，并重复尝试取得的结果。斯坦利的工作也一样：当他的论文被阅读后，两位英国研究人员曾试图根据斯坦利公布的方法制作他们自己的病毒晶体。然而，弗莱德里克·鲍登（Frederick Bawden）和比尔·皮里（Bill Pirie）的实验却得出了大相径庭的结果。

斯坦利宣称，他的液晶病毒含有20%的氮，但没有磷或碳水化合物。与此相反，鲍登和皮里发现了0.5%的磷和2.5%的碳水化合物。这是一个显著的差异：将鲍登和皮里的化学物质进行正确的组合，将能得到核糖核酸，也即遗传物质。斯坦利的“（只有）蛋白质”的假说面临严峻挑战。鲍登和皮里将他们的研究结果发表在1936年的《自然》杂志。他们怀疑斯坦利是否真正成功地将烟草花叶病毒结晶。他们认为，无论他分离出了什么，都不应是病原体。

波澜无惊地，斯坦利默默地放弃了最初的主张。他开始吸收鲍登和皮里关于磷和碳水化合物的研究结果为自己服务。到1938年，他宣布，烟草花叶病毒确实含有核酸。但他并未改变研究的角度，也没有收回原来的论点，并于1946年获得了诺贝尔化学奖。获奖说明将他的工作描述为“现代化学和生物学中最引人注目的发现之一”，明确指出该奖项是为了表彰他证明了病毒“实际上是一种蛋白质”。在斯坦利·布鲁希纳的诺贝尔奖将生物学家分成两大阵营的30年前，温德尔·斯坦利的诺贝尔奖就创造了同样的一个科学问题：传染性病原体是否仅是蛋白质。

在科学界，魅力像证据一样有用。在自传《双螺旋》（*The Double Helix*）中，詹姆斯·沃森特别提到了鲍登和皮里的这一天赋。他写道，“没有人能与鲍登那广博的学识和皮里那坚定的怀疑主义相匹敌。”所以，生物学家们开始慢慢疏远斯坦利并加入了鲍登和皮里的阵营。20世纪50年代初，尽管斯坦利获得了诺贝尔奖，但鲍登和皮里还是取得了论战的胜利。

在对抗诺贝尔奖的同时，鲍登和皮里还播下了另一个种子。沃森知道他们利用X射线晶体学研究了烟草花叶病毒的结构。那时，沃森在剑桥的合同已终止，根据合约他不被允许再从事DNA的相关研究。当时，烟草花叶病毒被认为具有单螺旋结构，学术界普遍认为DNA很可能也是单螺旋结构。沃森说：“这种观点完美掩饰了我继续研究DNA的行为。”

鲍登和皮里同样鼓舞了弗朗西斯·克里克。核酸在烟草花叶病毒中的重要地位导致克里克得到了他“推论出的假设”：生物体的遗传信息由这些核酸来编码，这些酸性分子的顺序决定了何种蛋白质被制造。

1953年，沃森和克里克发现了完美的契合——著名的双螺旋模型。1956年，他们在《自然》上发表了一篇关于一些小病毒结构的论文。他们通过携带遗传信息的一截核酸鉴定病毒。他们说，“不存在所谓的惰性蛋白构成的保护性外衣”。鲍登和皮里的初衷终于被完成，温德尔·斯坦利终于被打败了。

斯坦利并未被迫退回诺贝尔奖。显然，他确实反思了自己长期以来的研究。1970年，他发表了一篇论文，向一些同行道歉。这篇文章名为《“未被发现的”发现》，文章内容发人深省。

曾经，1944年，温德尔·斯坦利在洛克菲尔研究所的团队里有两个非常聪明的微生物学家伙伴——托马斯·弗兰西斯（Thomas Francis）和奥斯瓦尔德·埃弗里（Oswald Avery）。他们正从事肺炎球菌的实验，试图了解细菌如何接受遗传物质。在克里克和沃森研究出DNA结构之前近10年，弗兰西斯和埃弗里就发现了核酸可以编码和传递遗传信息。

但没有人——包括斯坦利——关注于此。在斯坦利1970年那篇文章的最后一段中（这段标题为“一个道歉”），他承认不知道为何会忽视掉眼前的证据。“显然……我未对1944年的发现给予足够的重视，”他说，“我极力回忆，但我不能对自己未认识到该发现的重要性找出任何借口……”

对于任何当时在那里工作的人来说，原因都显而易见。温德尔·斯坦利在与鲍登和皮里的论战中筋疲力尽。斯坦利的公开道歉并不意味着承认科学的混乱无序状态，但《“未被发现的”发现》确实提供了斯坦利获得科学成功之路的洞见。以下是他对弗兰西斯和埃弗里的发现不得不说的话：

> 显然，证据已摆在面前，研究者也意识到他们已做出了特别的发现。那么，为什么这个伟大的发现未被科学界立即发现？为什么它未影响到生物医学研究的方向？为什么核酸能携带和传递遗传信息的发现没有得到人们的充分承认？因为这是一个重大的发现，一个有别于一般思想的发现，会立即影响到几个领域的科学思维。我相信，各种因素的不幸组合是有责任的。

如我们所知，斯坦利深陷于与鲍登和皮里的论战。如果有足够的重要性，新科学将取代旧科学——但绝非不费吹灰之力。斯坦利继续写道：

> 重要的是，这一发现与多年来的主流思想完全相反，因此，这不仅需要有力的展示，且需要有力和持续的推销。这不是水到渠成的事情。事实上，尽管作者基于科学证据得到了正确的结论，但他们会谦虚地有所保留地进行展示……没有人愿意冒险宣称新发现并在全国科学同行面前辩争该发现的优点和意义。因此，人们需要花费较多时间才能得到普遍接受。

换句话说，弗兰西斯和埃弗里不具备必要的好斗特质。如果你想获得诺贝尔奖，只是有好的科学方向是不够的，你还需要有力、持续的推广。

温德尔·斯坦利在发表了这篇《“未被发现的”发现》后一年就去世了。他被葬在加利福尼亚州，在那儿，他曾被视为当地的英雄。他于1948年在加州大学伯克利分校建立了生物化学课程。1972年，布鲁希纳在他的克雅氏病患者死后，收集关于病毒的资料时不太可能错过斯坦利的著作。

布鲁希纳是否受了温德尔·斯坦利关于科学突破需要“有力、持续的推广”以突显其价值的遗嘱影响？当然，对此难有答案。自1986年《发现》（*Discover*）杂志发表了一篇严厉抨击其方法学的文章后，布鲁希纳就开始主动回避与记者打交道。但是，朊病毒诞生时的情形和当时的报道无疑符合这一假设。

盖里·陶比斯（Gary Taubes）在《发现》杂志上发表的那篇激怒了布鲁希纳的文章题目为《游戏的名字是名声，还是科学？》（*The Game of the Name is Fame. But is it Science?*），它的开篇引用了布鲁希纳在论述关于科学进步的困难时说过的话。这是一个对他招牌式技能的宣称：“朊病毒是一个了不起的词，时髦，发音容易，人们喜欢它。在生物学中想出一个好词并不容易，很多没想出好词的人都遭到了无情的抛弃。”

陶比斯当时采访了一名在布鲁希纳实验室工作的博士后研究人员保罗·本德海姆（Paul Bendheim）。他说，“布鲁希纳将这个词强行夯实在实验室和全世界人们的喉咙里”。本德海姆和布鲁希纳的另一个同事，戴夫·博尔顿（Dave Bolton），指责布鲁希纳雇用筹款专家以提高朊病毒的公众形象并帮助他从私人基金会获得研究资金。陶比斯引用了博尔顿引自布鲁希纳的话：“如果我们发明一个新的术语，再告诉人们它与阿尔茨海默症有潜在联系，将能引起人们的极大关注。这样，我们就有机会得到资助。”

他们实验室的另一个同事，弗兰克·马齐亚尔兹（Frank Masiarz），无法忍受布鲁希纳的傲慢态度：“通过创建朊病毒这个名词，他明显想暗示一种仅为蛋白的病原体理念。我认为，给我们都不能确定是否存在的东西命名毫无意义。”1982 年，就在布鲁希纳在《科学》杂志上发表了那篇令他名声大噪的文章之后，马齐亚尔兹辞去了布鲁希纳副手的职务。在那篇文章中，布鲁希纳将朊病毒定义为：“它们是能够抵抗大多数使核酸失活手段的具有感染性的蛋白质颗粒。”

基于已有的数据，假设羊瘙痒病的病原体是一种纯的蛋白质是完全合理的。但问题在于：布鲁希纳不会给出一个会束缚自己的定义。病毒或者类病毒跟蛋白质一同参与了致病，他的定义仍然正确。陶比斯的文章结尾引用了布鲁希纳的用于模糊一切的说法：“我从未说过只有一种感染性的蛋白质。”他说，“我从未在任何一篇文章中说过，你也不可能找到这种说法，我一直很小心。”

我们认为诗人、立法者和记者才是斟词酌句的人，一般认为科学家只会记录事实。这种观点，现在看来很幼稚。

1964 年，《物理学快报》（*Physics Letters*）发表了一篇默里·盖尔曼（Murray Gell-Mann）的文章，他设想了一种叫夸克的粒子的存在。他建议，三份夸克构成了被称为中子和质子的亚原子粒子。提出夸克的存在有强烈的数学原因，与模式和对称性有关，但盖尔曼并不打算为夸克的存在而负责。他反复说，它们也许，只是“数学”的产物，永远不会在实验中出现。他还在其他场合说，“他们是虚构的”。粒子物理学家约翰·鲍金霍恩（John Polkinghorne）讽刺盖尔曼说：“如果没有发现夸克，我从未说过它们会存在；如果夸克被找到，盖尔曼将成为最先提出它们的人。”

显然该战略行之有效：当夸克被发现确实存在后，盖尔曼获得了诺贝尔奖。如果它未被发现，盖尔曼也永远不会丢面子，因为他一直在模糊夸克到底是否存在的想法。布鲁希纳也处于相同的位置。无论朊病毒是什么——蛋白质或含有蛋白质的东西——他都将被证明是正确的。按通常的意义，他的做法并不科学，这也是他失去如此多同事的原因。但它确实很聪明。

印第安纳巴特勒大学（Butler University）的英语学教授卡罗尔·里夫斯（Carol Reeves）对布鲁希纳的修辞风格进行了研究。她说，“他发表的论文，就是体现精心挑选词语以最大化力量的完美的例证。”在里夫斯看来，布鲁希纳的口头语，“科学研究对偏见的胜利”，是一个聪明的烟幕弹。正如我们所见，科学还未在各种假设中作出决定。不过，布鲁希纳的措辞，巧妙地让人感觉似乎已有定论。他的文笔如此缜密，他的论点以深奥和复杂的方式构建，那些对朊病毒假说不感冒的科学家们说不出任何不对。一位洛基山实验室的主管，苏·帕里奥拉（Sue Priolla）告诉里夫斯说，“大多数人只是阅读并通过字面意思理解并思考，‘好吧，好吧，这看起来不错。’然后，他们继续阅读。”

但帕里奥拉坚持自己的疑虑。以下是她对里夫斯说的：

> 我知道这篇文章不对劲。我一直在研究它并深入分析数据，研究数据的解释。最终，经过多天的思考，我意识到，问题在于一些句子的措辞。这个问题很容易被人们忽视，因为它太微妙。

里夫斯以英文学教授的眼光仔细研究了这篇文章。她得出结论，布鲁希纳发表在1982年《科学》杂志上的这篇论文，论点的基础其实是一个不知对错的假设。她说，“整个段落实际上是基于假说的理论，却披上了科学语法的盔甲，需要花费读者大量的精力才能解开。”

这一巧妙的举动，是布鲁希纳的第一步：给人们在谈论但尚未给出一个时髦名字的东西植入一个标签。在一篇1967年的文章中，格里菲思曾谨慎地提出，作为一种可能性，它可能是一种蛋白质：“一种纯蛋白质的病原体的存在可能是一个合理的解释。”相反地，布鲁希纳直接进行了命名：“取代‘非常规病毒’或‘不寻常的慢病毒原’这样的术语，建议使用‘朊病毒’这个单词（英文发音‘pree-on’）。”他甚至告诉你，如何大声读出这个单词，似乎他正在教英语而不是提出一个科学的论证。

然后，事情变得风平雨顺。布鲁希纳以一种简单的方式介绍了朊病毒，给人的印象是它有据可查且被深入鉴定过。例如这句话：“羊瘙痒病致病原的特性有别于类病毒和病毒，从而促使了‘朊病毒’这个词的产生”。里夫斯指出，“这种方式的修辞在20世纪80年代初出现了多次，是一种天才的修辞方法。它谈论的是羊瘙痒病致病原的‘特性’，似乎这一切显而易见——已与病毒划清了界限。他使用了被动的‘促使’这个词，似乎‘朊病毒’这个词并非由布鲁希纳创造，而是现在的人早已将它当作了标准。”

在随后的一篇文章中，布鲁希纳说，“一些致病原必须经过严密的确认才能被归类为朊病毒，似乎‘朊病毒’是一个已被认可了的分类。”在同一篇文章中，类似的大胆做法还有，“宣称所有的朊病毒类疾病都有许多类似的特征。”

人们无法抵抗对语言如此有说服力的运用，尤其是在朊病毒的定义如此含糊的时候。病毒学家理查德·卡普（Richard Carp）在1985年写道，“尝试用一个简单的术语，朊病毒，来涵盖‘仅有蛋白质’和‘有核酸的蛋白质’这两个概念，使人们难以进行精确的对话。”

里夫斯采访了那些承认朊病毒这个术语的科学家。你可能会说，他们被欺骗了，最终的结果是人们停止了争论。他们不再寻找病原体中的核酸。即使他们想做，也缺乏做这件事的资助。卡普说，“朊病毒的观点是如此牢固，不会有任何新人会思考在这个病原体里是否有核酸，更不用说如何找到它了。”

事实上，布鲁希纳完全清楚自己的所作所为。里夫斯说：“将大胆猜测的理论冠以事实之名，对存在的现象和尚存争议的特征作陈述性描述，以及强调创造力而非理性的思辨性陈述，都有着十分清晰的意图——操纵读者的感知。”

由于缺乏证据，他不得不这么做。科学家对新的科学思想都有很强的抵触情绪。著名天文学家第谷·布拉赫（Tycho Brahe）用整个生命与哥白尼的思想作对。医生和物理学家赫尔曼·亥姆霍兹（Hermann

Helmholtz）说，“新的观点需要更多的时间才能获得普遍认同，即使它们离真理更近。”量子理论的创始人马克斯·普朗克后来为他的博士论文感到悲哀，“我的教授中没有一个人……能理解它的内容”。具有讽刺意味的是，亥姆霍兹正是那些无知的教授中的一员。

虽然大家会自然地觉得这不可思议，但确实有很多顽固的科学家认为这是他们应该做的事情。在科学上取得进步是困难的，因为创新者需要肩负重任。大家默认的规矩是，新的想法必须找到证据做支撑。科学家们不可能随便地被某种新想法打动，科学就是战场。在科学的宪法里，在通向斯德哥尔摩的道路上，注定要面对同行的无情嘲笑。

在科学的战争中，双方的武器装备只有实验数据。但正如我们在上一章中看到的，收集那些能使一个激进的新思想受到重视的证据常常很困难。这就是为什么布鲁希纳采取了另一种不同的策略：说服。

也许，我们应庆幸他这么做了。在审视了布鲁希纳工作的无序状态后，值得再次指出的是，他似乎是对的。虽然它们的定义仍然宽松如初，但朊病毒是目前被广泛接受的导致包括疯牛病、克雅氏病、羊瘙痒病和库鲁病等这一家族疾病的病因。而且，它们还有可能在其他一些与本族疾病相近的疾病中发挥作用。

如今，全世界估计有0.35亿人患有痴呆症。根据较准确的预测，到2050年底，该数字将增至1.15亿。为此，消耗的医疗费用将高达4 000亿英镑。如果有一家国际公司能提供痴呆症的治疗，那么，这家公司将成为世界上最大的公司——比沃尔玛或埃克森美孚更大。早在20世纪80年代初，布鲁希纳就说，朊病毒疾病和老年痴呆症之间的联系有利可图。

朊病毒疾病和痴呆之间确实有一些粗略的联系，它们与生物学家称之为“朊蛋白”的东西有关。朊蛋白并不神秘：我们知道，我们的脑细胞能制造它们。然而，我们仍然不知道它们的主要作用。不过，我们也掌握了一些线索：例如，剥夺小鼠制造朊蛋白的能力，它们会失去一些嗅觉。此外，这些小鼠对压力的反应似乎略有减少，并且可能不会以正常的速度产生新的神经元。有趣的是，失去朊蛋白，似乎能使长期记忆变得更强健。这也许是因为没有朊蛋白的小鼠大脑中不易募集某些黏性的和易聚集的分子，而这些分子的募集正是阿尔茨海默症大脑的常见表象。

1906年11月，阿洛伊斯·阿尔茨海默（Alois Alzheimer）在宾根（Tübingen）举行的第37届西南德国精神病学家大会中第一次展示了他发现的新病。当时，他研究了一名51岁受困于记忆力减退、定向障碍、抑郁和幻觉的女性。她大脑中的某些部位已出现了萎缩，并在“神经细胞之间出现了纤维丛”。这些就是现在用于表征疾病的“斑块”。

在阿尔茨海默症患者的大脑中，酸性分子链聚在一起形成了一种长而黏的纤维聚集在大脑中，这种物质被我们称为β淀粉样蛋白（beta amyloid）。2009年，研究人员兴奋地发现，正常的朊蛋白似乎与β淀粉样纤维能相互作用，并阻止它们形成斑块。更重要的是，研究还表明，当人脑细胞制造更多的朊蛋白后，能减少形成斑块的β淀粉样蛋白。

与布鲁希纳的努力相关的是：绝大多数从事朊病毒研究的科学家之前都认为这类疾病是由一种形状错误的朊蛋白引起。而异常的朊蛋白——那些形状不对的蛋白质——对老年痴呆症的斑块没有任何保护作用。

蛋白质的错误折叠并不罕见。一旦被合成出来，蛋白质通常会自发地折叠成各种三维形状，就像自我创造的折纸。初期是一根长长的、令人讨厌的绳子，最终通过一种对生物学家来说仍然神秘的机制，成为复杂的弯曲的波浪的和曲线的雕塑。这种形状的形成是蛋白质发挥作用的核心。

然而，尽管形成的结构比较坚固——展开一些蛋白质，它们会重新折叠回适当的形状——但还是有例外。比如，热对卵清蛋白的作用是：蛋白质会随着加热而展开，但冷却后不会回到原来的形状。相反，它形成了一种白色的、错折叠的蛋白质，相当好吃。

不过，错折叠并不是一件好事。肺气肿和囊性纤维化都是蛋白质不能正确折叠的结果。因此，研究人员怀疑，在克雅氏病、库鲁病和羊瘙痒病中亦是如此。如果这些疾病是由错误折叠的朊蛋白引起的，似乎可以合理地推测，缺乏正常的朊蛋白会导致阿尔茨海默斑块形成。

有理由认为，阿尔茨海默症和这些经由朊病毒传播的疾病之间可能存在某种联系。看上去，这似乎是合理的。不过，虽然阿尔茨海默症和布鲁希纳的朊病毒疾病之间的联系看起来可能直接相关，事实却并非如此。我们目前还不了解朊蛋白如何（或者是否）真实参与了如库鲁病和克雅氏病类的疾患。我们最多只能猜测这些疾病的发病机制中包括了朊蛋白相异于正常蛋白的折叠；而后，“错折叠的蛋白质”加剧了“天然朊蛋白”进行错误折叠，从而导致疾病的传播。但我们并不能确认。实验结果显示，研究人员将在试管中制备的错折叠朊病毒注射入小鼠，小鼠出现了类似克雅氏病的疾病。然而，这只会发生在经基因工程改造在大脑中已大量产生朊蛋白的小鼠样本上，对普通的正常小鼠完全无效。

此外，“唯朊蛋白”理论还不能解释为何感染相同剂量的朊病毒会导致出完全不同的疾病症状——例如，一只老鼠可能会变得异常活跃，另一只会变得昏昏欲睡。虽然错折叠朊蛋白似乎参与了这些疾病的发生，但它似乎也只是答案的一部分。到目前为止，已证实朊病毒想在正常动物中致病，必须给予一些“共刺激因子”——脂肪和核酸。没人知道，“共刺激因子”是否是导致感染动物大脑中重折叠朊蛋白这个化学反应的基本要素或基本催化剂。在朊病毒导致的疾病中，很可能仍给核酸成分有余地留，甚至可能是病毒或者类病毒。

最终，这一切都不会对史坦利·布鲁希纳有任何影响，因为他从未说过朊病毒是什么，甚至从未宣称它是纯的蛋白质。不论如何，他通过自己的诺贝尔奖让我们相信了他的故事。如同默里·盖尔曼和他的夸克，布鲁希纳创造了一个在焦点研究中的统一原则（模糊）。在盖杜谢克和布鲁希纳之后，很可能会有人在某天因朊病毒相关疾病而获得第三个诺贝尔奖——为能真正阻断致病原传播的贡献而获奖。

毫无疑问，这仍将导致进一步的无序状态——或许，研究人员会团结起来发明一种新的结构，新的“朊病毒”。无序状态甚至有可能是一种大胆而非凡的实验形式，正常人根本不敢进行这类实验。毕竟，正如我们即将发现的那样，从事生死问题研究的人们并不那么在意伦理委员会的意见。

4 玩火

伦敦诺斯威克公园医院（Northwick Park hospital）看起来非常沉闷，它的外墙由混凝土和金属框架的窗户组成。这家医院在 1970 年女王开业时曾有过一刻的辉煌，但很快变得荒凉。也许，这就是为什么它在开放几年后就被选为标志性恐怖电影《凶兆》的取景地。

然而，这并不是医院最可怕的时刻。2006 年 3 月 13 日，电视的摄像人员挤满了医院的庭院。该建筑物的外观图像被播放给世界各地数百万着迷和震惊的观众。但是，墙内的场景无法播出。

那天早上，8 个年轻人每人得到了 2 330 英镑，研究人员给他们注射一种实验药物。实验药物被称为 TGN1412，之前的研究结果显示，它具有抗多发性硬化症、一些癌症和类风湿性关节炎的作用。在接受注射的几分钟内，6 个男人像多米诺骨牌一样倒下了。男人们撕开衬衫，以减轻立即出现的发烧症状。他们呕吐、在痛苦中打滚，而后昏了过去。他们的脸开始膨胀——新闻报道称他们为“象人”。这 6 人因多器官功能衰竭住院达几周时间。由于出现了药物引起的冻伤样症状，有位患者必须截去脚趾。

到年底之前，实施药物实验的公司破产，但 6 个实验病人的痛苦仍在继续。例如，穆罕默德·“尼诺”·阿卜杜勒哈迪（Mohamed“Nino” Abdelhady），他的手臂、胸部和腹部出现了几十个潜在的癌性肿块。尽管肿块已通过手术摘除，但他对未来可能出现的未知健康问题的恐惧仍然存在。一年后，其他人出现了不同程度的记忆力减退、胃病和严重头痛。大卫·奥克利（David Oakley）被诊断罹患了淋巴瘤。

英国医学研究理事会（Medical Research Council）对这一事件的直接反应是，这种风险可以接受：临床实验对研发新的更好的治疗方法至关重要。英国政府委托一组科学专家报告了可以从此次事件吸取的经验教训，但《英国医学杂志》（*British Medical Journal*）对这组报告结果的分析更具意义——尽管事情“本可以做得更好”，但这项任务是极其困难的，分析认为：“他们殚精竭虑于在提高安全性和不被指责为‘扼杀创新’之间保持平衡。”

这是个不可破解的困境。创新是科学家的职责——不论付出什么代价，他们都会坚持。

2005 年，伦理学家帕特里夏·基思－施皮格尔（Patricia Keith-Spiegel）和杰拉尔德·科奇（Gerald Koocher）发表了一个有启发性的研究。文章认为，科学研究机构中设立的伦理委员会——确保科学家在实验中遵守全世界认可的道德标准——可能起到了反效果。基思－施皮格尔与科学家同事以交谈方式研究的这个课题引发了人们的关注。尽管这些报告是匿名的，但这些案例有利于让那些认为科学家总是遵循严格道德准则的人看到事实。

有一名研究者分派学生收集数据。如果发现有趣的数据，她会申请伦理委员会批准使用她已收集完毕的“非研究目的的数据”。这真是一个漂亮的回避方式。另一名研究者则申请审查委员允许她收集数据，但她还未等到答复就已开始了相关工作。还有一名研究者故意省略和歪曲他的那些会引起伦理委员会注意的研究项目。

于是，就会出现不在乎伦理委员会的“多产作者”，因为这些人认为委员会是“僵化且反科学的权威”。这些人会继续按原计划进行研究，只是在提交出版时宣称他得到了伦理委员会的批准。

事情并未到此结束。基思－施皮格尔和科奇的论文还提到了一些人对伦理委员会的报复：一名研究者找机会拒绝了一名曾拒绝支持他研究计划的伦理委员会成员的晋升。基思－施皮格尔和科奇说，“研究者还表示，因为报复感到一定程度的满足。”

在科学家的观念里，科学必须不断前进。据《纽约时报》的作家劳伦斯·K. 奥特曼（Lawrence K. Altman）说，“事实上，监管很可能会减慢科学的进展速度。”他问道，“天知道有多少有益的药物因‘好奇的科学家跟随直觉探索被监管禁止’而无法面对大众或者不允许进一步探索?”

有趣的是，科学家们似乎很重视如何寻找办法以绕过这些藩篱。奥特曼为此写了一本经典的著作，被煽动性地命名为《谁是先行者?》（*Who Goes First*?）。书中充满了叛逆者为逃避监管而进行研究所采取的方式。本着我不入地狱谁入地狱的精神，科学家们有时会找到一个自愿进行实验的对象：他们自己。

由沃纳·福斯曼（Werner Forssmann）首创的手术有可能已拯救过你身边不少人的生命。每年，数以百万计的人接受心脏导管介入术。这是研究心肌梗死、胸痛或其他心脏病发作后心脏功能治疗的标准方法。手术过程的描述足以令你震惊：在动脉上开一个小切口——通常在腹股沟附近——将一根管子直插心脏。这绝对不是你愿意对自己做的事。

福斯曼的故事始于1929年，那时，他通过插画了解到兽医可以通过颈静脉观察马的心脏情况。当时，心脏是不可触碰的禁区。“暴露甚至只是触摸它，”学术权威说，“病人一定会死。”这是个合理的观点：我们今天知道，异物与心脏壁的接触会扰乱心脏节律，导致瞬间死亡。但福斯曼对这个认知并不满意。人们对心脏是如何工作的，或是什么能导致它出现问题一无所知。他推理，如能通过静脉进入心脏，我们至少能了解一些心脏的工作原理。也许，我们能用一根管子直接给心脏输送药物或液体。

福斯曼也许已经有了自己的想法，但他并未得到实验的许可。当时，他在柏林东北部30英里埃伯斯瓦尔德（Eberswalde）的一个小医院实习。他跟他的老板，外科医生理查德·施耐德（Richard Schneider）

建议，也许能在临终病人身上试用这种技术。施耐德没有同意。福斯曼甚至自愿作为实验对象。施耐德对此不屑一顾，并禁止他做这样的实验。

接下来的故事展现了叛逆的——也许用“具有颠覆精神的”这个词更好一些——科学家的选择。福斯曼知道，实验需要得到被锁在手术区的无菌手术设备。于是，他找到了掌管钥匙的人，用花言巧语迷惑了他们，护士长格尔达·迪策（Gerda Ditzen）就在其中。

“我开始徘徊在迪策的身边，就像一只围绕着奶油壶的好吃猫。”福斯曼是这样描述他斩获诺贝尔奖旅程上如何迈出的第一步。迪策热爱医学，福斯曼利用了她的热情：他为她提供教科书，与她数小时地谈论手术，最终，在他认为合适的时候，他提出自己很想做个实验。最终，迪策同意让他获得实验必要的设备，并将她自己的身体作为了第一个实验对象。

一个晚上，手术室关门以后，两人开始了他们的禁忌之旅。福斯曼小心地将迪策的手臂和腿系在手术台上。然后，他揉了揉她的手臂，在决定切开血管的位置上用碘酒消毒。之后，他消失了。迪策等着他回来——有些紧张，这是可以想象的——但他并未回来。其实，拿到设备就是福斯曼想要的一切，他并未打算让迪策来冒生命危险。离开迪策的视线后，他在自己的肱静脉上开了个切口，并利用导管将一根长长的橡胶管通过静脉推向了自己的心脏。

他说，这个过程产生了“烧灼感”。当导管到达肩膀位置的时候，福斯曼回到迪策身边，告诉她自己做了什么。尽管迪策对欺骗感到愤怒，但他让她很快平静了下来，并帮助他下楼到了X光室。现在，福斯曼可以清楚地看到导管的进展情况，他将导管推进到了自己的心脏。

之前，溜出房间的放射技师回来了，还带来了福斯曼的一个同事彼得·罗迈斯（Peter Romeis）博士。罗迈斯的第一反应是试图将导管取出。福斯曼猛踢罗迈斯的小腿以抵抗。最终，罗迈斯妥协了。既然导管已到达心脏，现在用X光照片证明这一医学里程碑才是最重要的。

照片出现在福斯曼发表于《临床周刊》（*Klinische Wochenschrift*）的那篇突破性论文中。它伴随着一个这项研究如何完成的无耻谎言。福斯曼的老板，理查德·施耐德，试图劝说福斯曼宣称他是第一个尝试的人。最后，福斯曼在本发明中补充了一位刚开始决定共同进行研究而后不愿继续才留下他独自完成工作的虚构的同事。他认为，这是对施耐德最好的结局。

真相终于浮出水面，福斯曼在埃伯斯瓦尔德医院的同事和上司们对此印象深刻。因此，他们将他送到德国著名的外科医生费迪南德·绍尔布鲁赫（Ferdinand Sauerbruch）那里去工作。

当绍尔布鲁赫发现福斯曼所做的事时，他粗暴地进行了否认，“你不能这样做手术！”但在几年内，绍尔布鲁赫就自食其言了——以一种灰暗的方式。他最终成为了希特勒的将军级军医，在职期间，他制定并批准了一系列对集中营俘虏的医学研究。这一系列实验——包括将囚犯暴露于芥子气中——是导致《纽伦堡法典》（*Nuremberg Code*）起草的原因之一。

第二次世界大战之后，同盟国在巴伐利亚纽伦堡市举行了战争罪行审判。在审理过程中，人们发现纳粹党成员对犹太人进行了可怕的人体实验。日本科学家也曾对战俘进行过实验，同盟国也曾对他们自己的公民和士兵进行过实验。所有的人都受到了严厉的谴责，并被要求科学门户清理。因此，医学中的伦理准则出现了——《纽伦堡法典》。

基于此法典的要求，科学家不能在未得到实验对象知情且同意的情况下做任何事。实验必须有目的性，并必须能产生有利的结果。实验应避免不必要的痛苦或伤害，不应有永久损害发生的可能。当然，还有一些其他规定，这些都是我们现在进行医学研究计划中所需遵循的标准。第二次世界大战期间发生的事令人震惊。对我们来说，这些准则似乎是常识，任何正常人都会不假思索地遵循此准则。

并不是所有的战时科学家都深陷于不光彩的行为中。例如，在第一次世界大战期间，父子生物学家 J. S. 霍尔丹（J. S. Haldane）和 J. B. S. 霍尔丹（J. B. S. Haldane）亲身实验为军队发明了能防止氯气侵害的呼吸器，他们无疑挽救了千万人的生命。J. B. S. 霍尔丹做得更多：第二次世界大战期间，他以自己为实验对象，使英国海军潜水员免于受“弯腰病”的困扰，帮助他们在水下潜行更深更久。在实验中，他自己吸入了各种氮气和氧气的混合物，并使用了不同的减压率。有些实验将他弄得癫痫发作——他提道，“极度的恐怖，我可能无法从钢室中逃脱”。他遭受了一些永久性损伤——例如，一次痉挛永久压迫了他的脊椎。一种减压实验导致他的耳膜穿孔——战争结束后，霍尔丹将烟从耳朵里呼出。

这些实验至关重要。霍尔丹的研究使英国突击队在第二次世界大战中保卫和控制了直布罗陀（Gibraltar），尽管希特勒非常想控制该要塞——北非与欧洲之间的门户。谁掌控了直布罗陀就等于控制了地中海和大西洋之间的航运。

沃纳·福斯曼证明了自己是个勇敢而光荣的研究者，尽管他采用了离经叛道的方法。在第二次世界大战期间，当他有机会用俘虏进行医学研究时，他拒绝了。他在自传中写道，“我不能接受，为实现自己的梦想而将无助的患者当做豚鼠。”

福斯曼的创新精神最终得到了认可。因受到绍尔布鲁赫的羞辱，他转到泌尿科工作。最后，他参了军并在俄国前线服役。战争结束时，福斯曼成了同盟国的俘虏，但他的突破性研究论文并未泯灭。当他在一个美国战俘营备受煎熬时，两名同盟国的医生——一个法国人，一个美国人——读到了他的那篇自插导管的文章并使用该理念发展了一种用于诊断各种心脏疾病的技术。1956 年，福斯曼在斯德哥尔摩与他们碰面，三位医生共同获得了诺贝尔生理学或医学奖。

科学家不会无缘无故地鲁莽行事，他们不会因小事儿违反规则。但事实是，规则有时确实阻碍了科学的创造过程。在这种情况下，一些人选择了打破规则。为什么？因为在规则出现之前，科学早已存在。

科学的历史中——尤其是医学——充斥着与福斯曼所作所为类似的鲁莽行为的例子。回到我们最开始的事例，比如，艾萨克·牛顿的笔记本里就描绘了一个让人不忍直视的鲁莽时刻：

> 我拿起一根缝衣针并将它尽可能地插到我眼球后部与骨头之间的间隙中。使用它的尾端挤压我的眼睛（使我眼睛屈曲），随后我看到了几个黑白和彩色的环形。当我持续用针的前端摩擦我的眼睛时，环形会保持清晰，但如果保持眼睛和针不动，尽管我继续用针压迫着眼睛，环形会变得微弱且通常会消失，直至继续移动眼睛和缝衣针。
>
> 如果该实验在明亮的房间里进行，尽管我的眼睛允许一些光通过，但出现的仍然是外周黑暗的环形，其中有一个亮点，颜色与之前试验中出现的一样。在亮点中还有另一个很强的亮点，尤其是当我用力地将小缝衣针压眼球的时候。此时，外周还会出现一圈光晕。

牛顿还绘制了一张注释这个奇怪而具有潜在危险试验的图（我没有引用这张图）。他将这件事说成世界上最自然的事。如果有机会，他同时代的许多人都能进行这种类似的自我实验。

19 世纪，麻醉学的先驱们的实验对象也是自己。美国牙科医生霍勒斯·威尔士（Horace Wells）成为第一个在氧化亚氮或笑气的处理下拔牙的患者。威尔士在一个旅游博览会发现了该气体的作用，在那里它被证明效果奇佳。他看见有人吸入气体回到座位上坐下后就失去了感觉。

另一位麻醉学家同样在自己身上做过实验。苏格兰产科医生詹姆斯·杨·辛普森（James Young Simpson）也是名强烈的自我实验者。他与朋友深夜坐在一起，一个个地嗅闻摆满了餐桌的碗碟中的各种化合物。在一次吸入现在被称为氯仿的“笨重材料”后，辛普森直接晕倒了整夜。当他醒来时，他知道自己发现了好东西且很快地在自己侄女身上确认了效果。几年后，维多利亚女王使用氯仿享受无痛分娩时，麻醉学领域已趋向成熟。

回到12世纪，美国外科医生威廉·霍尔斯特德（William Halstead）和理查德·霍尔（Richard Hall）是阿片类药物麻醉的先驱，他们同样在自己身上做实验——最终，他们成为了可卡因和吗啡成瘾者。德国医生奥古斯特·比尔（August Bier）和奥古斯特·希尔德布兰特（August Hildebrandt）也曾使用可卡因对彼此进行脊髓麻醉实验。据记载，他们通过红酒、雪茄和猛踢对方的小腿以庆祝下半身失去知觉的胜利。

《纽伦堡法典》虽然出台了，但并不能完全杜绝科学家的鲁莽行为。因为法典为那些想从事危险或危及生命的研究人员留下了一个后门。尽管法典第七部分说，“当有证据提示，可能出现死亡或致残的风险时，不应进行任何实验。但也有例外，如果研究者自愿成为实验对象，像福斯曼一样，风险将可接受。”

这有趣的共同点联系着巴里·马歇尔（Barry Marshall），其叛逆的科学实验发现了胃溃疡的病因。凯利·穆利斯是使用致幻剂的基因复制技术发明人。两位诺贝尔奖获得者都描述了自己童年时肆无忌惮而充满激情地使用科学工具进行玩耍的情景。

穆利斯在自己位于南卡罗莱纳州哥伦比亚的后院中建造火箭以度过童年时光。用他的话说，“他是个小科研者”。他和他的兄弟研制了一种化学推进系统，可将运载火箭送入天空——搭载着家庭宠物蛙。他们知道这不是正确的做法，但就是喜欢。6个月的秘密研究将青蛙带到了孩子们想让它去的地方。穆利斯说，“尽管对那个年纪的我们来说，似乎应该对此感到害怕，但我们非常镇静。”

马歇尔的童年同样强悍且狡猾。8岁以前，他就自制电磁铁并从西澳大利亚珀斯的药店购买药品以制造炸药。他喜欢电子学和电子设备。一次，他在父亲的指导下修理电源，但却弄混了电线——该错误导致他父亲在后来使用电钻的时候跳了几英尺高。马歇尔的父亲在给儿子示范使用家用瓦斯制备能飘浮的气球的错误操作时又遭了殃：为了展示这样做的危险性，他烧掉了自己的眉毛。

毫无疑问，穆利斯和马歇尔的邻居，即使相隔半个世界，也一定会想着同一件事："这孩子真是鲁莽和无法无天！"

马歇尔长大后以不同的方式表现着叛逆。在制备炸药的几十年后，不计后果的马歇尔不断地用自己作实验。这也是为什么在1984年，罗宾·沃伦（Robin Warren）尖叫着给《纽约明星报》（*New York Star*）的记者打电话："巴里·马歇尔刚将自己感染了且差点死亡！"

沃伦引领马歇尔走向了诺贝尔奖。1981年，马歇尔正硬着头皮在皇家珀斯医院（Royal Perth Hospital）做一项课题以完成他的医学训练课程。他对胃肠病学非常感兴趣，并跟周围的人打听是否有什么有趣的研究在开展。于是，他被带到了地下室。在那里，他发现了罗宾·沃伦和他的雪茄。沃伦现在已不从事医药行业了，但马歇尔将他描绘成自己道路上的领路人。马歇尔说，"他们在医院的地下室度过了许多个下午，喝浓咖啡，抽着烟，试图弄明白沃伦发现的奇怪感染的意义。"

沃伦的研究，包括从人类胃的内壁上提取细胞样本。他发现许多病人被奇怪而弯曲的几乎是螺旋形的细菌感染，这引起了沃伦的注意——绝大多数细菌是球形或直的，螺旋形细菌的报告很少见。引起梅毒的梅毒螺旋体（Treponema pallidum）是螺旋形细菌之一。由于他发现的螺旋状细菌样本似乎能在胃部的强酸环境中生长，沃伦认为有必要作进一步的深入研究：也许，这些细菌与某些特定的胃部健康问题相关。他没有时间亲自研究病人，但马歇尔乐于接受挑战。

除了咖啡和雪茄，沃伦还向马歇尔解释了胃的复杂性：细菌是如何在厚厚的黏液层下生存的，或者通过分泌尿素（一种碱性物质）在自身周围形成一个pH中性的气泡。沃伦将27份新细菌感染的病例报告交给马歇尔。有趣的病例是，马歇尔在查房时看到的某50岁女性患者的腹部疼痛。她做了所有检查，未发现任何异常。她病历中唯一与常人不同的地方是，被弯曲菌感染了。

好的科学家就像电视里的侦探：给一些线索，就能找到真相。与那些引人注目的虚构的侦探相比，最成功的且能改变世界的科学家可不只会依靠冷冰的逻辑推演。他们甚至愿意将生死置之度外。

马歇尔根据沃伦给他的指导在医院图书馆开始了调查，他很快发现他需要了解更多的东西。首先，马歇尔很好地利用了他童年玩乐所积累的电子学知识。他制造了一台自己的计算机——当时是1981年，辛克莱ZX81（Sinclair ZX81）电脑推出的那年——并使用它减轻了写标书和其他事务性工作的压力。这为他解放了大量时间，他的计算机专业知识使他能接触国外的研究人员，并以当时的其他澳大利亚人几乎无法做到的方式获取研究资料。沃伦将他的螺旋形细菌案委托给了一个最合适的侦探。

那年年底前，马歇尔追踪到了首次发现该螺旋形细菌的报道。事实上，1892年，意大利医生朱利奥·比佐泽罗（Giulio Bizzozero）就向都灵科学院（Turin Academy of Sciences）报告，显微镜下可见到消化道中含有奇怪的螺旋形生物。然而，科学并不总是有效，比佐泽罗发表在意大利的发现随后就被遗忘在废纸堆里并在下个世纪又被重复报道了多次。

20世纪40年代，哈弗医学院（Harvard Medical School）的外科医生在治疗胃溃疡和胃癌时发现，几乎有一半他处理过的患病胃上存在螺旋形的细菌。不幸的是，10年时间内，另一位外科医生破坏了这一发现。华盛顿特区沃尔特·里德陆军医疗中心（Walter Reed Army Medical Center）的埃迪·帕尔默（Eddie Palmer）试图通过对超过1 000个胃部进行活组织检查以发现螺旋细菌。但他没能发现这些细菌，随后他声称，“它们的存在或许只是解剖尸体时引起的污染。”

1967年，在康奈尔医学院（Cornell Medical School）工作的日本医生伊藤进（Susumo Ito）再次发现了它们的踪迹，这次是在猫的胃内容物中发现的。猫并未生病，而当伊藤在自己的胃上做了活检后，发现了同样的螺旋杆菌。因此，他认为它们是无害的——毕竟，他本人非常健康。

事实证明，伊藤是典型的携带螺旋杆菌感染的日本人。几乎所有的他的同胞的胃中都带有该细菌，这也是为什么日本是世界上胃癌发病率最高的国家。螺旋杆菌远不是无害那么简单。

起初，这只是一种预感。马歇尔检查过的那个出现在沃伦螺旋杆菌感染患者名单上的女性，患者只是抱怨有恶心、胃痛和头痛的症状。马歇尔发现她并没有什么问题，尽管她有胃溃疡病史，但胃镜检查显示当时她的胃部没有溃疡。然而，他对这个女性胃里的这些奇怪东西以及伴随出现的一系列症状很感兴趣。螺旋形细菌是否造成了迄今为止未知的危害?

经过几个月的阅读和思考，马歇尔有了一个计划。他将确定 100 人接受内窥镜检查，并通过内窥镜医师从胃组织中获得样本。一旦有了样本，他就会检查它们，观察螺旋形细菌感染在人群中的真正比例。然后，他会在培养皿上培养细菌，看它们是否能与什么疾病联系在一起。他还试图确定细菌来自何处，以及感染是如何发生的。

在医院伦理委员会批准这项研究前，马歇尔已有了一个正式的工作——医院血液科的登记员。所以，在他的茶歇和午餐休息时间，他抓紧时间找内窥镜医师，采集标本并冲进微生物学和病理学实验室。收集工作花了几个月的时间，在 1982 年 6 月前，马歇尔得到了他所需要的全部信息。

并非一切进展都顺利。第一步是让细菌能从样本里生长出来。微生物学实验室有关于如何最好培育这些肠道微生物的指南，这是马歇尔从新南威尔士大学（University of New South Wales）的一个鸡病专家那里获得的知识。几个月过去了，他并未获得任何成功。要不是因为有复活节假期和超级病菌感染的出现，马歇尔的项目可能会被拦在这第一关。

医院病房发现了一种耐抗生素葡萄球菌。管理人员急于知道医院是否需要为新抗生素投入数百万美元，他们已为在疫区的医务人员设立了隔离检疫所。医务人员的喉咙被定期取样以检测是否被新菌株感染。这些额外样品的分析工作落在了微生物实验室的肩上。马歇尔博士那不起眼的项目的重要性低了一级。

在疫情爆发前的几个月，马歇尔的实验结果一直让微生物实验室的工作人员失望。由于从未看到过任何东西，样本在被观察后 48 小时就扔掉。

意外发生了，37 号患者是在星期四做的内窥镜检查。与往常一样，马歇尔尽可能快地将胃壁活检组织送往微生物学实验室，医院的技术人员将它们浸入规定的营养液中，并将样品放入严格控制温度、湿度的孵化器中。由于假期和额外增加的工作量，这些样本被一直留在那里，无人问津，直到复活节后的星期二。五天的时间，给了螺旋杆菌充足的生长时间。最后，马歇尔得到了培养的细菌。

这样由意外而导致的故事在科学上非常常见。正如我们已看到的，与事实相符：科学的过程太混乱以至于这样的事情无可避免。

对患者数据的分析程序是很严格的。统计学家罗斯·伦德尔（Rose Rendell）负责监督分析的过程。马歇尔、罗宾·沃伦和微生物实验室主任约翰·皮尔曼（John Pearman），直接将他们的结果发给了统计人员，而不是相互分析以减少影响。6 月，内窥镜医师在最后才将他们是否在患者胃壁上发现病变（溃疡）的报告发给马歇尔。马歇尔将这些报告转发给伦德尔。9 月，伦德尔将这些证据进行整理统计，然后发回马歇尔。结果令人兴奋。

22 例胃溃疡患者中，有 18 例感染了螺旋杆菌。马歇尔兴奋地发现，另外 4 个未感染患者也都能得到解释。所有病人都填写了一份关于他们健康状况的调查表。根据调查，4 例未感染螺旋杆菌的胃溃疡患者都服用过抗炎药，如布洛芬等。这类药物会导致胃部出现问题，包括溃疡。更令人满意的是，接近 100% 的十二指肠溃疡患者（13 人中有 12 人）

感染了这种新细菌。这似乎很不寻常，数据的解读几乎是完美的。

几乎是正如我们所看到的，实验数据并不总是十全十美。那名无螺旋杆菌感染的十二指肠溃疡患者，其病因不可能是由于使用了抗炎药。由于进入十二指肠的通道由幽门括约肌控制，药物无法以高浓度进入十二指肠并导致溃疡。

马歇尔担心：也许没有螺旋杆菌感染的患者得的并不是十二指肠溃疡，而是其他别的病。他回去研究内窥镜医师送来的报告，他的坚持不懈得到了回报。“反常”的患者曾接受过胃的切除手术，从而有了一个体积更大的样本，而这个较大的样本对螺旋杆菌的检测呈阳性反应。现在，马歇尔可以确定地说，十二指肠溃疡100%与细菌相关。他将修改后的数据发给了伦德尔。

最新研究将十二指肠溃疡和螺旋杆菌的相关性定为92%，因此，实验得出的十三分之十二是完全能接受的。但马歇尔的决心非常坚定——即使里面包含了一点儿“正常的不端行为”。因为报告溃疡的存在与否是临床医生的职责，马歇尔不应对感染组单方面增加研究。沃伦是最有权威鉴定细菌是否存在的人，这也是为什么马歇尔在他诺贝尔自传中额外提到了他，“后来，沃伦必须去检查样品并确定细菌的存在。”实际上，沃伦对此事毫无记忆。我们可以将此作为另一个为了接近真理而不得不去做的某些事情的例子（正常的不端行为）。

发掘这类相关性允许科学家提出一个假设，但站出来维护这个假设需要巨大的勇气。马歇尔提出，有证据表明，十二指肠溃疡与一种新的尚未被明确鉴定的细菌紧密相关。阿加莎·克里斯蒂（Agatha Christie）的大侦探波洛（Hercule Poirot）从这些证据出发提出控告，科学家必须谨慎。马歇尔被迫花费了好几年的时间证实自己的假设。

马歇尔已在细菌杀手抗生素和治愈胃部问题之间建立了联系。他甚至在病人身上证实过：那是个患有“顽固性腹痛”的俄罗斯老人。内窥镜检查发现，患者胃里有螺旋状的细菌，于是马歇尔使用一种抗生素，四环素进行了治疗。即使病人和他的医生都同意这个治疗方案，仍是不符合伦理标准的——马歇尔也非常清楚。他后来写道，“这是我第一次意识到，我们的临床研究项目可能会超越通常规定的界限”。“采取不必要的活检是一回事，基于不确定的研究结果欲使该标本证明抗生素的治疗效果是另一回事。尽管如此，我们还是决定坚持……”

是时候做个经得起推敲的研究了。马歇尔关注的焦点是铋(bismuth)，这种金属在德国作为治疗胃病的药物已使用了两个多世纪。铋还被用来治疗细菌感染，如梅毒，梅毒已被确定为由螺旋菌引起。间接证据已变得越来越多。

马歇尔与弗里曼特尔医院（Fremantle Hospital）的一些同事共同进行了他的研究。他们将一种含铋的叫“De-Nol”的药加在圆形滤纸上，然后将纸片放在一个培养有螺旋杆菌的培养基中心。4 天后，细菌死亡，纸片周围出现了一个清晰的环，铋杀死了它们。马歇尔形容，这或许是他一生中最激动的时刻。他写道：“这一切太完美了，绝不是巧合。我认为，这是我第一次想到可能会获得诺贝尔奖。”

接着，马歇尔又用铋和另一种抗生素甲硝唑的混合物治疗了一些胃溃疡患者，治愈了 4 例。现在，似乎应该有足够的证据了，然而并没有。

按照科赫法则（Koch postulates)，马歇尔需要为医学专家提出的一系列问题提供令人满意的答案。该法则由细菌学家罗伯特·科赫(Robert Koch）在 1890 年提出，在确定某种病原体与疾病间有联系前必须要解决四个问题。第一，马歇尔必须证明，细菌在这种疾病的每一个病例中都存在。第二，他必须能从病人那里得到它们，并在实验室条件下培养它们。第三，他必须得到这些细菌并利用它们在一个健康的宿主体内重现这种疾病。第四，最后一步，他必须从这个新的患病个体中提取到这种新的细菌。事实上，如果他对细菌的判断是正确的，跨越这些障碍应该不会太困难。

进化已促使了病原体的智能。想想霍乱传播的方式：通过细菌污染的腹泻以污染水源，以确保它们能接触到新的宿主。细菌和病毒会在被感染的宿主体内快速繁殖，致使宿主出现某些行为而将感染原传染给新宿主。此后，新的宿主患病，继续将病原体传播下去。

马歇尔的工作则是在严格的实验室条件下重现自然的工作，然而实验并不顺利。1984 年初，马歇尔试图用螺旋菌感染仔猪，没有感染成功。虽然他很清楚细菌能引起胃溃疡，但他甚至连科赫法则的第一关都过不去，这意味着他的同仁们很难认真关注他的假设。他们认为，他的想法很牵强。鉴于此，那些马歇尔认为完美的实验结果，他们称之为“微妙”（subtle）。他们说，“是的，也许这些螺旋杆菌确实存在，但没有理由认为它们有什么作用——这个观点受到许多携带该细菌的人并未发病这一事实的支持。”在对来自当地献血者的样本进行的粗略研究中，证明没有胃部疾患的健康人群中有 43% 螺旋杆菌检测呈阳性，看来感染是普遍性的。更糟糕的是，没有一个马歇尔的病人能明确他们在何处感染了该细菌。由于缺乏感染源的证明，马歇尔的医学报道无法自圆其说。

马歇尔很喜欢引用历史学家丹尼尔·布尔斯廷（Daniel Boorstin）的话：“知识的最大障碍不是无知，是对知识的幻觉。”马歇尔的同事、上司，几乎全世界的专业人士都知道，为什么人会得溃疡——它们是由压力、吸烟、遗传、酗酒、饮食不良等原因造成的。这个清单几乎涵盖了与所有人都有关系的模糊条件，这其实并没多大意义。如果有胃溃疡患者不在这个清单中，患者会被送到精神科医生那里，这是一个心身的综合问题。马歇尔一开始就看到了这个病人，他出现在罗宾·沃伦最初那一系列奇怪的螺旋杆菌感染的案例中。除了做出诊断，马歇尔的上司将那个女人送去做精神病鉴定。精神科医生说她很沮丧，然后用一种抗抑郁药阿米替林打发她回了家。

几年后，马歇尔打电话给那个女人，结果令他绝望。他很想知道她是否曾接受过抗螺旋杆菌的治疗，以及是否还有胃病（答案是，没治疗，也没问题）。

在1984年，马歇尔接手了一名胃部出血的年轻人。因失血过多，他每天都要接受输血。没人能找到这个问题的症结，马歇尔也不例外：在内窥镜检查样本获取后，马歇尔试图寻找螺旋杆菌，但他什么也没发现。

几天后，马歇尔检测了这个人的血液，他发现了螺旋杆菌的抗体。怎么办？马歇尔发现，经过了曾经的多次失败，自己在医院的地位已大大降低。当时，没有奏效的治疗方法，流血还在继续，医院的外科医生已接管了这件事。马歇尔知道，时间非常短暂，同事们都不愿接受巴里·马歇尔的固执。他尖锐地指出，“我发现，我的上级同事有些冷淡。”

他和专科住院医生讨论了此事，并建议他们尝试使用一种抗生素，但当时没有任何依据。这似乎已到了马歇尔能做的极限，马歇尔的名声已严重损害，他只能发出微弱的声音建议使用抗生素治疗。他缺乏令人信服的医学证据证明自己的正确。从科学的角度来看，这只是一种直觉，一种假设。住院医生未采纳马歇尔的建议——忽略了这样做的正确性——他计划切除这个年轻人的胃。

马歇尔说，“我太难过了。”

到目前为止，这还只是日常医学科学，体现了混乱和困难。但现在开始，事件即将发生反转——就像明知罪犯是谁却无法证实的侦探，马歇尔决定自己动手。他本人将成为实验的对象，他将把自己置于那个没人能帮助的不幸的年轻人的位置。他对自己做了曾经对实验猪所做的事情。他喝了一杯细菌并任由细菌的自然发展，且未对自己的上级有任何透露，直到该事件结束。

这不是个容易的决定。每个医学科研实验——即使是在自己身上进行——都应经过伦理委员会的审查才能进行。在期刊上公布结果的前提是，伦理委员会批准的实验是在所有受试者知情同意的条件下进行的。实验必须是有效的或者必要的，而不能仅有荒谬的危险性。马歇尔考虑了他在医院里的地位，认为自己获得批准的机会不大。马歇尔说，“委员会的拒绝并不能阻止他。甚至，委员会会阻止他发表结果，很可能会让他失去工作，结束自己的医疗生涯。”

马歇尔甚至没有将此事告诉自己的妻子。虽然他认为妻子可能会支持自己的努力目标，但绝不会同意他选择的冒险做法。他没有和任何同事讨论，尽管他非常需要他们的帮助。同事们应该猜到了他想干什么，他认为。例如，同意从马歇尔健康的胃里取样的内窥镜医师肯定能猜到些端倪，但他默契地保持了沉默。

1984 年 6 月 12 日，接近中午时，马歇尔喝下了浑浊的棕色培养基中的细菌。当天，他没吃任何其他东西。3 天后，他感到胃里有一种奇怪的发胀感。第 5 天，太阳升起时，他开始了呕吐。

病症持续了 3 天时间，马歇尔的妻子艾德里安娜（Adrienne）告诉他，他的呼吸有“腐味”，同事们也证实了这点。他的睡眠质量严重下降，感到疲倦和无精打采。10 天后，他请内窥镜医生在他的胃组织里取了些样品。在显微镜下的检测证实，螺旋杆菌在他的胃里兴旺地发达，胃里出现了脓。细菌们被转移到培养皿后继续茁壮成长，科赫法则得到了满足。

马歇尔是幸运的，自己解决了麻烦——家庭的、身体的和政治的——他的身体自行处理了感染的细菌。6 月 26 日，在他吞入细菌两周后的一次内窥镜检查显示，感染已消失。事实是，他的血清中并无这种细菌的抗体。原因只能归咎于运气：马歇尔承认，他原本计划使用的抗生素也很可能无法完成这项工作。相反，抗生素有概率导致一种耐药的菌株占据他的胃，这将更加难治疗。若是这样，马歇尔可能早已受到健康问题的困扰。他承认，他是个幸运的人。

故事中的罪犯被关进了监狱，但警察局长摇了摇头，告诉侦探说他很幸运——他并没有为此付出什么代价。侦探将下巴上的衣领拉开，内心的独白告诉他，自己是对的。他坚持自己鲁莽的方法：他知道，如果有必要的话，自己仍然会这样做。随着故事尾声的到来，大家都认为他是所知的最好的侦探。

上面的描述比较符合巴里·马歇尔。后来的研究表明，螺旋杆菌会像霍乱一样通过粪口途径传播，通常发生在幼童身上。他们可能会呕吐几天，之后，感染会平息下来。在他们的生命中，大部分时间都不会出现症状。世界上大约一半的人口感染过螺旋杆菌。

20世纪80年代早期，持续性胃病的处理方案常常是外科手术。巴里·马歇尔不顾一切的鲁莽行为意味着20世纪90年代情况将出现改变。老办法在人群中的治愈率只有10%，马歇尔的新疗法的成功率可达70%。即便在发达国家，胃部手术也很少见，处理溃疡病的多为家庭医生，而非住院医生。1994年，美国国立卫生研究院宣布，治疗消化性溃疡的医生的首位技能应是识别和根除这种螺旋状细菌，即幽门螺杆菌。

巴里·马歇尔的鲁莽行为在科学界绝不是个案。在描写那些用自己做试验的科学家的书籍中，《谁先做的?》(*Who Goes First*?)最负盛名。那些不顾实验受体生死的故事总会让你感到胆寒——伟大的案例，1900年，一队美国陆军研究人员一致同意自愿接受蚊子的叮咬，以测试蚊子是否能传播黄热病，当时黄热病已成为美西战争期间驻古巴军队备受困扰的问题。不久后，他们的领导人，沃尔特·里德（Walter Reed）少校离开古巴返回华盛顿。尽管许多人试图为里德的离开辩护，但证据表明他不愿冒险，尽管他曾同意与自己的部下在一起。在他缺席的情况下，队伍中的耶西·拉齐尔（Jesse Lazear）死于黄热病。

可耻的案例是，被称为塔斯基吉（Tuskegee）梅毒研究的美国公共卫生服务项目。1932—1972年，贫穷的黑人男子在不知情的条件下成为了梅毒研究的对象。他们并未被告知自己患有梅毒，他们也未被注射青霉素，尽管在1940年青霉素就已成为了治疗该病的标准有效方法。他们甚至被禁止去其他治疗中心就医。

这些人还以为，自己已在接受治疗。事实上，他们在许多情况下都处于终身生病的威胁和被虐待状态。科学家们对他们进行了危险而痛苦的骨髓穿刺，并将其称为“特殊的免费治疗”。科学家们把这些人免费送到医疗中心，提供免费餐饮。如果他们同意自己意外死亡后的身体可用于解剖研究，还能得到丧葬费用。研究所涉及的399名男子生下了19个先天性梅毒患儿，还传染给了40名妻子，至少100名受试者直接或间接死于未经治疗的感染。

还有一个同样可耻的近期案例，体现了科学对他人生命不负责任。臭名昭著的英国医生安德鲁·韦克菲尔德（Andrew Wakefield）和他那名誉扫地的寻找自闭症与麻疹、流行性腮腺炎以及风疹（MMR）三联疫苗之间关系的研究。20世纪90年代，韦克菲尔德得到了一个团体50 000欧元的资助用于对MMR疫苗可能引起的健康问题作科学研究。在儿子的生日聚会上，他从书房里的12个孩子身上取了血样。像塔斯基吉事件一样，孩子们也遭受了痛苦和危险的脊椎穿刺——没有伦理委员会的必要批准以及任何获益的可能（这种行为显然是不对的）。

这项鲁莽研究的结果得到了一个尖锐且错误的说法，MMR疫苗可能会导致行为问题。由此产生了公众对疫苗的怀疑达到了巅峰。在一些地区，没有足够数量的父母愿意让自己的孩子接种疫苗——在这种水平下，某些疾病在不会传播的基础上仍能快速蔓延，麻疹再次成为一种致命的疾病。

韩国克隆先驱黄禹锡（Hwang Woo-suk）已承认了自己的伪造和欺诈行为，他被指控违反伦理学。他需要人的卵子做实验，他设法得到卵子而不在乎太多顾忌。但这或许不完全是他的责任，韩国卫生部（Korean Health Ministry）向提供卵子的妇女支付了数千美元的“捐赠”费用——这是一个非常可疑的做法，后被认定为非法行为。同时，参与卵子使用的工作人员也不得作捐赠，以免上级面对非法行为带来的巨大压力。黄禹锡的两位女同事因热衷于这项研究而捐献出了自己的卵子，她们用假名进行了捐赠。但黄禹锡并非无辜，当他发现了卵子的真实出处后，他选择在发表的论文中隐匿该事。

还有很多例子是关于由善意研究者进行的可疑行为。例如，美国国家心理健康研究所（National Institute of Mental Health）的精神病学专家杰伊·吉德（Jay Giedd）。在该所伦理委员发现并制止他之前，他已对自己的孩子进行了 4 年的大脑扫描研究。吉德试图研究青春期孩子大脑的变化方式，他认为自己的孩子们是完美的实验对象。但该所的审查委员会不这么认为：科学伦理学认为，科学家不应在实验中使用无自主行为能力者，或者那些受制于某种权威关系的人。

这又牵扯到海瑞塔·拉克斯（Henrietta Lacks）的一桩公案。自从她在 1951 年去世后，这位妇女的宫颈癌提供了一株用于医学研究的干细胞。“海拉”（Hela）细胞是体外培养的第一株人体细胞，帮助医学科学实现了许多突破。科学家们已培育出超过 5 000 万吨拉克斯的细胞，并在 60 000 多篇科学论文中对其进行了研究。平均每天，就有 10 项新发表的研究欠海瑞塔·拉克斯一个人情。这些细胞为科学家赢得了 5 项诺贝尔奖。然而，最初的细胞是在她不知情的情况下被切除的。虽然这些细胞已帮助制药公司赚了数百万美元，但海瑞塔·拉克斯的其他身体部分则躺在弗吉尼亚州（Virginia）克莱文（Clover）的一个没有墓碑的坟墓里。瑞贝卡·思科鲁特（Rebecca Skloot）在她著名的关于拉克斯的文章中提出，由于捐赠遗传物所有权的复杂性，使得很难界定如何避免对该物质进行商业上的利用：科学家确实可以通过他们的实验对象赚钱和创业。

不过，我们不能指责那些在自己身上做试验的科学家是坐享其成。有意思的现象是，“收获”是科学家们在痛苦中坚持的希望。例如，大卫·普里查德（David Pritchard）现在仍处于“希望”阶段——他目前尚不明确让虫子从自己皮肤里长出来会带来的“难以言表”的感觉是否值得，更不清楚自己和其他人忍受的胃痛、呕吐和腹泻是否会以他希望的方式得到回报。此外，对花费巨量时间向机场安检人员解释自己从巴布亚新几内亚（Papua New Guinea）带到英国的玻璃瓶究竟有何研究价值，能否得到回报不得而知。

20世纪80年代初，在诺丁汉大学（University of Nottingham）工作的普里查德正在东亚开展生物实地考察。他试图找到证据证实一些传闻的报道，即感染了钩虫（美洲钩虫）的人不易发生过敏。过敏是免疫系统的“过度反应”，普里查德想知道这些蠕虫是否能关闭或者至少降低免疫反应。如果真是如此，慢性过敏患者可能会从卑微的钩虫中得到急需的帮助。

2004年，普里查德认为，最好的办法是让这些动物以他自己为食。他将12个别针大小的寄生虫幼虫粘在膏药上，然后贴在自己的前臂。幼虫能分泌一种酶，破坏皮肤的分子结构。然后，它们会侵入肌体。普里查德说，这个打洞的过程产生了“强烈的瘙痒”。然而，一旦进入体内，就只能想象它们的进展了。幼虫经由他的血液进行运输。当它们到达他的肺部后，会破坏毛细血管的薄壁，定植在肺泡里。从那里它们向上爬，进入他的气管，直到它们到达咽喉。不知不觉，普里查德会吞下幼虫，而后幼虫将在小肠中安全地长大成年。

你可能在想象，寄生虫入侵的过程中是否会令你感到不安。通常，进化使我们能采取一切措施——物理的、化学的和情感的——避免这样的事情。我们对可能携带有寄生虫卵的人类排泄物的视觉或气味都有一种天然的厌恶。观察（或想象）寄生虫本身就会给我们一种本能的反感，使我们免遭感染。皮肤上的瘙痒同样具有警示性：人类挠痒痒的自然冲动是一种能祛除危险的选择反应。如果这些都不起作用，寄生虫穿透了我们的防御系统，我们的免疫系统将开始行动并攻击外来入侵者。免疫系统使我们咳嗽以驱逐喉咙中的外来者，或呕吐以驱逐胃中入侵者。

不过，这些寄生虫也会进化。一旦进入人体，它们会关闭身体的报警系统，或者至少降低其强度。通过一些未知的化学机制，钩虫幼虫能抑制免疫反应，这意味着它们可以存留下来。

这就是为什么在普里查德体内只有十几只虫子时，他并无什么特殊感觉。当它们通过胃到达十二指肠时，他的身体没做出任何反应以驱逐这些成年蠕虫。它们吸附于血液丰富的肠壁，只抽吸了少量的血液。最终，雌雄成虫交配产生了新的幼虫，而后，普里查德通过粪便将它们排泄出来。

普里查德告诉了自己的妻子自己正在干的事情。妻子对此很紧张，但也只持续了一小段时间。经过数十次反复循环，她知道有种驱虫药能对付这些寄生虫。当他需要更多钩虫时，他可以去找同事阿兰·布朗博士，布朗的身体是一个钩虫的健康人宿主。普里查德负责在定期前往巴布亚新几内亚的旅程中收集，或者甚至吞下钩虫（针对这一点，普里查德解释，主要是为了避开海关官员对他们样品瓶的好奇）。如同普里查德在《生物化学家》（*The Biochemist*）一书中所写的不太合宜的句子，"为了试验，他的粪便培养物提供了'居于腹中之蛇'（snek bilong bel）"。

这不是我们通常认为的科学家开展工作的方式。但对普里查德来说，这是一个推进可能对10亿人产生重大影响领域研究的最好方式。事实上，钩虫的幼虫能钻入肺部空泡而没有触发免疫反应的现象表明，它们确实可以做到一些我们不能做到的事情——不知何故，它们能抑制免疫反应。有初步证据表明，它们具有对过敏反应脱敏的能力。在巴布亚新几内亚，通过粪便虫卵计数确定在十二指肠附件有25条左右成虫的人发生哮喘的比率低于暴露在相同致敏原的周围邻居。

结果发现，肚子里有20多条寄生虫是人类可以耐受的感染水平，不会产生明显的不良反应。普里查德试着将寄生虫的数量翻倍，感染了50条，他出现了腹泻呕吐症状。当再次翻倍时，结果成了一场灾难：100条钩虫生活在你的十二指肠里不是一个愉快的经历。值得注意的是（普里查德指出），钩虫感染的耐受水平似乎不仅与减少哮喘有关。这种感染水平的志愿者血液样本中含有抗体，这意味着轻度钩虫感染可能会刺激免疫系统，并可以此制备疫苗，从而在根本上改善世界各地人民生命的质量。

现在说这一系列的研究是否最终会开花结果还为时过早，尚需要进一步的试验研究。但好的方面是：目前为止，普里查德的研究工作还未被爆出丑闻。只有他在自己身上做了试验，普里查德才能说服他的大学伦理委员会批准进一步的人体试验，包括从当地招募人员。目前还没有已知的能治愈多发性硬化症（MS）的方法，现有治疗方法少且不安全。也许答案会存在于阿兰·布朗从他的粪便中找到并拿给大卫·普里查德的，在他体内完成从手臂到胃、从肺到喉咙的史诗般旅程的钩虫幼虫中。

我们将最后的段落留给一位特别的叛逆的科学研究者，19 世纪的德国科学家马克斯·冯·佩腾科弗（Max von Pettenkofer）。他是科赫的同时代人，其关于细菌感染的假设现在仍然陪伴着医学研究人员。当科赫认为霍乱是由细菌感染引起的时候，佩腾科弗不屑一顾，甚至喝了——与马歇尔一样——一匙满是被疑为致病菌的肉汤。

他经历了持续一周的胃痛和腹泻，但并未发展为霍乱。他的运气令人羡慕，但这可能也是他鲁莽的奖励。“即使我为自己的错误判断付出代价，比如丢了性命，我也会静静地直视死亡，”佩腾科弗说，“我不会死于愚蠢而懦弱的自杀，我要像战场上的士兵一样为科学服务而献身。”

5 亵渎

对旁观者来说，下面的场景似乎只是另一个可笑的学术上的不和引发的冲突。1973年9月13日晨，在纽约的哥伦比亚长老会医院的16楼，戴着眼镜的名为朗德姆·谢特尔兹（Landrum Shettles）的生育研究员正红着脸匆匆赶往他的实验室。为了保持形象，他不时地回头看，半走半跑。几秒钟后，新的身影在走廊里奔跑着追赶。这是谢特尔兹的老板，妇产科主任雷蒙德·范德·韦尔（Raymond vande Wiele）。据目击者说，范德·韦尔一边跑还一边生气地低声嘀咕着。

这两人有很多公开的分歧和争执，任何熟悉这个科室情况的人都知道这可能是一场旷日持久的争执来到了最终对决的前奏。这将是一个能在茶水间谈上好几天的故事，将成为八卦和笑声的来源。但结果远不是有趣这么简单。我们知道的是，范德·韦尔在谢特尔兹抵达实验室前追上了他，接下来发生的事情影响了整个美国40年。

谢特尔兹实验室里的长凳上放着一台设定温度为体温（98华氏度）的孵箱。孵箱里有个充满暗色液体的小试管，这是世界上首次尝试的体外受精（*in vitro* fertilisation，IVF）。谢特尔兹将一个女人的卵子和她丈夫的精子放在由血液和水混合的培养液中，他认为这是能导致受精的最佳条件。当天晚些时候，这个女人，30岁的多丽丝·德·齐尔奥（Doris Del Zio）将接受将受精卵植入子宫的手术。

但这一切并未如愿。一进入实验室，范德·韦尔就将试管从孵箱里拿了出来。他说，谢特尔兹破坏了医院相关规定，将来必定会官司缠身。具有讽刺意味的是，后来官司缠身的是范德·韦尔。1974年，多丽丝·德·齐尔奥向他索赔150万美元的精神损失费。她声称，范德·韦尔将试管暴露在室温中的行为导致她的孩子未能存活。当时，美国具有里程碑意义的定义了堕胎法案的罗伊诉韦德案仅过去一年，这个新的案子又将试管婴儿胎死腹中的案例卷入了争论。

1974年7月12日，美国国会对朗德姆·谢特尔兹的做法实施了禁令。1975年，国会又技术性地开放了这一关于人类胎儿生长，包括人类体外受精研究的禁令，只需将此类工作交由国家伦理咨询委员会审查同意后即可实施。

1979年，国家伦理咨询委员会终于发布了对IVF的展望报告。鉴于当时所处的社会和政治气候，该报告并没得到喝彩。在审查过程中，国家伦理咨询委员会收到了13 000条来自公众的意见，多数人坚决反对这项技术。参议员和代表也发表了愤怒的信函，认为IVF研究是不道德且违反伦理的。

该报告内容包括，“IVF研究，包括不以胚胎移植为终点的相关研究内容，从伦理角度来讲是可接受的。但仅限于该研究是为了完善IVF的安全性和有效性且无其他方式可替代的时候。”1980年，美国人对不孕夫妇使用试管受精普遍呈接受态度，接受与反对的人数比大于2。为什么会发生这样的转变？因为科学已改写了规则。露易丝·布朗（Louise Brown）出生了，她是一个正常且健康的婴儿。

她那无比平凡的名字，却对西方世界产生了深远影响。毫不奇怪：布朗是世界上的第一个试管婴儿。这个标签将她描绘成在实验室捣鼓出来的科学怪人。事实上，也有人说她的“创造者”，罗伯特·爱德华兹（Robert Edwards）和已故的帕特里克·斯特普托（Patrick Steptoe），是疯子。他们正在愚弄上帝，如果允许他们继续工作，迟早会制造出一个怪物。同事们说，他们注定要失败，因为这是不可能实现的事情。但在1978年7月25日，雷蒙德·范德·韦尔接受审讯的9天前，小宝宝露易丝出生了。

这个孩子的诞生无疑使这对不孕夫妻受到了严重打击，所以法官裁定，范德·韦尔确实给多丽丝·德·齐尔奥带来了精神损害。朗德姆·谢特尔兹的科学时间可能不符合常用的道德标准要求，但它开辟了人工创造生命的真正可能性。曾被认为是神圣之地的东西被带到了地球。亚瑟·卡普兰（Arthur Caplan），一名跟谢特尔兹和范德·韦尔在一栋楼里工作的生物学家（也见证了在那场在十六楼的追逐）认为这很美丽：通过露易丝·布朗，生殖从一件神秘事物变成了一项技术。2004 年，他说："我们祖先曾认为是上帝或众神才能决定的东西，突然被一个人或两个人决定了。"对卡普兰来说，掌控我们的生殖能力，是人类从未有过的深刻变革。

科学家可能是叛逆者，但他们能坚持一颗赤心。IVF 的发展不是出于科学的傲慢，也不是出于学术抱负，而是出于人性的真正的积极面：同情。罗伯特·爱德华兹和他的妻子与一对没有孩子的夫妇交上了朋友。当他看着这对夫妇和他的女儿们玩耍时，爱德华兹感到了一种强烈的同情心。他在自己的《生活的问题》（*A Matter of Life*）一书中讲述了 IVF 的故事，"树结果实，云带来雨，我们的朋友因为不育，只能和我们的卡洛琳、珍妮佛一起玩耍。"这刺激了爱德华兹的探索。

爱德华兹和斯特普托的叛逆表现了对权威的挑衅。2010 年 7 月，《人类生殖》（*Human Reproduction*）杂志发表了一篇非同寻常的文章。文章前所未有地分析了"创造"露易丝·布朗的研究者罗伯特·爱德华兹和帕特里克·斯特普托在试图申请英国医学研究委员会资助时发生的事情。

不足为奇的是，当时，许多宗教团体持反对态度。科学权威也拒绝了他们的请求。据《人类生殖》的文章说，一个理由是，爱德华兹和斯特普托是外来者："斯特普托来自北部的一所小医院；爱德华兹尽管来自剑桥但没有行医资格，不是教授。"两人被指责，过分地追求舆论宣传。评审委员会认为，他们应该慢下来，首先用非灵长类动物对IVF进行尝试——研究者应该在使用人类胎儿进行研究前先证实这样做不具有可怕的危害。“我会对过早使用人类生命进行实验和科学研究的伦理性存疑”，这是托尼·格莱尼斯特（Tony Glenister）的态度，查林十字医院医学院胚胎学家。爱德华兹和斯特普托，真正的叛逆者，选择了忽视界限，试图为自己的研究寻求私人资助。

对试管婴儿可能出现畸形的担心随着露易丝·布朗来到这个世界而烟消云散。她是个健康的婴儿，现在是个健康的成年人，她不是怪胎，没有任何异常。事实上，她是个平凡的人：她现在是布里斯托尔的邮递员，也拥有正常、健康的孩子。但是，在她出生的时候，她是个奇迹。斯特普托和爱德华兹是英雄或恶棍，这取决于你的观点。

如今，体外受精婴儿和能够创造他们的医生十分常见。大约有400万人通过试管受精出生，未发现其健康有任何问题。2010年，爱德华兹因其卓越贡献而被授予诺贝尔奖（斯特普托在1988年去世了）。

事实上，在露易丝·布朗出生前，爱德华兹为创造一名试管婴儿进行了一系列失败的努力，每次失败都让家长们失望不已。有些人认为，爱德华兹并未明确告知露易丝·布朗的父母这项技术仍不成熟，这表明爱德华兹对成功的渴望超越了他对知情同意这个医疗原则的坚持。IVF本身也争论不断，这项技术太昂贵，一些人认为失败率太高。对于采集卵子的女性来说，手术存在健康风险。通过试管受精，仍未顺利怀孕的话，许多夫妻会在感情和经济上遭受双重打击。但由于爱德华兹的毅力，仍有数百万的父母将他们的挫折变成了喜悦。当爱德华兹获得诺贝尔奖时，诺贝尔基金会网站上的网页不同寻常地充满了来自世界各地的私人贺信。

也许，IVF最重要的方面是，人们不再觉得这些通过技术手段出生的婴儿与“自然”出生的婴儿有什么不同。科学家带领我们超越禁锢的边界。哈佛医学院的约翰·D. 比格斯（John D. Biggers）以坦率的态度总结了这一观点，“鉴于后续发生的事情，他很高兴爱德华兹和斯特普托无视了官方的意见。回想起来，幸运的是，爱德华兹和斯特普托一直坚持。”他在《人类生殖》这篇文章的一篇社论中也如是说道。虽然没有得到官方的资助，但爱德华兹和斯特普托的理想和毅力使大量不孕不育的男女最终受益。

一个鲜为人知的真理是，在所有社会的领导人物中——政治、知识分子、社会和宗教——科学家是真正能将我们带到应许之地的人。虽然宗教团体常被视为道德和伦理规范的来源，但他们实际上是跟随科学脚步的，并未领导科学。

比如，哲学家亚里士多德（Aristotle）提出了一个观点——而不是一些神圣文本的作者——世界上大多数主要宗教在他们最初的生殖伦理研究中都对他的观点持赞同意见。他认为，“受孕需要几天时间，在此期间，精液设置了‘月经血’，就像凝乳酶将牛奶做成奶酪一样。此后，胎儿会经历一系列的灵魂类型：‘营养的’、‘敏感的’、‘理性的’。”根据亚里士多德的说法，真正的人类生命存在于婴儿在子宫中形成器官并可以活动以后。这种“加速”发生在男婴40天时，女婴90天时。

亚里士多德没有足够的经验证据证实这些论点。他对日期的设定源于孕妇对胎儿运动的感觉，以及对流产或引产胎儿的检查。但这是他所能得到的最好的信息，宗教团体充分利用它来制定了自己关于胚胎的规定。

公元500年，《巴比伦法典》（*Babylonian Talmud*）说，胚胎在母亲子宫中形成需要40天。在那之前，它只是“水”，在那之后，它就像“母亲的大腿”，因此只有有限的人性。亚里士多德帮助基督教建立了第一个关于堕胎的时间限制。教皇格列高利十三世（Pope Gregory Ⅷ）命令的基础即圣·奥古斯丁（St Augustine）所讨论的问题：“圣·奥古斯丁关于堕胎讨论的核心——‘胎儿有灵魂吗？’、‘胎儿是成形的还是未成形的人？’”

如果胚胎仍是未成形的，或者在某种程度上还未成形……则法律不能判定该行为属于杀人，因为不能确定身体里存在着一个活着的灵魂。如果它还未成形，就没有被赋予感觉。

于是，婴儿何时被赋予灵魂这个观点被接受了。1584 年，教皇决定将胎儿获得灵魂的时间点定在第 40 天，也即亚里士多德认为的“加速”点。科学巧妙地控制了宗教观点。

这只是科学的影响力才刚刚显示出力量，300 年后的科学发展获得再次突破，显微镜的发明导致天主教教堂的站位再次出现变化。

借助显微镜，科学家们可以更密切地跟踪胎儿的发育，他们发现亚里士多德的 40 天或 90 天的论断，以及他关于器官发育和胎儿运动的观点并无事实根据。1827 年，科学家证明了卵子的存在，并开始了解开受孕过程的努力。显然，从怀孕到生育的发育过程是连续的。鉴于此，为了拯救未出生孩子的灵魂，必须禁止堕胎。1869 年，教皇庇护九世（Pope Pius Ⅸ）宣布，怀孕任何阶段的流产都是致命的原罪。到 1917 年前，天主教的观点是，与堕胎过程相关的任何人——即使是出于拯救母亲生命的治疗目的——均将面临被逐出教会的危险。

科学使创造生命不再是棘手的问题。1897 年，梵蒂冈不得不颁布教皇诏书，禁止天主教徒试图进行的人工授精。为什么？因为那年，剑桥大学的沃尔特·希普（Walter Heape）报道，人工授精的过程在狗、马、狐狸和兔子身上都已获得了成功。1968 年，教皇保罗六世（Pope Paul Ⅵ）宣布，生殖技术的发展，特别是避孕药的出现，已给教会提出了无法回避的新问题。因此，他宣称，“夫妻行为的两个意义，结合的意义和生育的意义之间存在一个上帝给予的不可分割的联系——不能被人主动打破。”因此，新兴的生殖技术不能被天主教徒采用。

这个法令是可以理解的。教会所面临的问题是人类那令人不安的创造性和务实性。作为一个物种，我们创新，并愉快地将创新应用到我们的日常生活，尤其是当它能解决紧迫问题时。也许，没有哪个领域能比生殖科学更令人类感到紧迫，且愿意跨越一切千难万险。

事实上，试管受精有点出乎天主教堂的预料。在露易丝·布朗出生的时候，教会并未对这项技术有所评论。因为教廷已禁止教徒使用试管婴儿技术，因为其在道德上是不可接受的。但教皇可能会感到郁闷，因为天主教徒并不听话——无论医生、科学家还是不孕夫妇。

在梵蒂冈1987年进一步宣判试管婴儿不合道德之后，几家欧洲的天主教医院宣布他们将违抗法令，继续进行试管受精。一家医院说，“这是一项无限珍贵的人性化服务”。澳大利亚的第一个生育冷冻胚胎的天主教徒女性，玛格丽特·布鲁克斯（Margaret Brooks）告诉《纽约时报》，“没有人注意到这样的禁令。”1985年的一项民意调查发现，68%的美国天主教徒赞成人工受孕。在2005年，约翰霍普金斯大学遗传学和公共政策中心的一项研究表明天主教徒也强烈支持IVF。

你可以把这些归咎于秘密的叛逆者。在这一领域，每次提出的创新最初都被认为是鲁莽的，甚或是不道德的。但科学家们不顾一切，这也是他们的标准行事方式。当科学提供了一种能满足生物驱力的方法时，外在的道德原则无法阻挡它。梵蒂冈正义与和平委员会的负责人，红衣主教马蒂诺（Cardinal Renato Martino）在面对试管婴儿的成功时一再宣扬教皇的声明：“除了上帝本人，没人能成为生命的仲裁者”。但是，在这个问题上，科学家们对教皇和红衣主教并未表现出任何尊重。

克雷格·文特尔（Craig Venter）就是一个很好的例子。这里没必要讲太多文特尔的故事，因为他的自传《解码生命》（*A Life Decoded*）中提到的离谱事件实在太多。除了历史上的例子之外，文特尔将是表现现代科学家离经叛道的最好例子，也颇具意义。在科学上，他毫不掩饰自己的叛逆。

文特尔将自己描绘成一个天生的冒险者，拥有无穷尽的好奇心，渴望建设任何东西。孩童时代，他在家附近闲逛并建造堡垒和肥皂盒赛车，用轻质燃料点燃塑料战舰，买来火药让它们爆炸。学生时代，他组织过静坐和示威活动。成年后，他一直完整地保留着“不羁”的人生态度。文特尔乐于承认，自己尝试过多种药物，且不会有任何心理限制。也许，这源自他的科学导师，生物化学家内森·卡普兰（Nathan Kaplan）的忠告——卡普兰告诉文特尔，不要害怕去做任何“疯狂”的实验。

这个在职业生涯初期受到的鼓励，使文特尔受益匪浅。这也是他说服自己尝试其他人皆认为“基因测序技术”无用的驱动力。事实证明，正如文特尔的描述，“现有的教条是错误的”。文特尔选择的技术，称为表达序列标签，拉开了人类基因组测序工作的竞赛，他成为了“大赢家”。人类基因组最终的出版背后有个漫长而复杂的故事，在文特尔的书和詹姆斯·施里夫（James Shreeve）的《基因组战争》（*The Genome War*）中都有很好的描述。不过，仍有一些值得我们重新强调的。

第一个显著贡献是文特尔放弃了价值 38 亿美元的知识产权。事实上，他之前一直毫不迟疑地做着下面这件事——1997 年，他正设法将自己的公司从给予他大量经费以换取基因数据共享的人类基因组科学公司（Human Genome Sciences）中独立出来。

科学家们往往会被迫进入商业领域——与他们的大学或对他们研究感兴趣的投资机构打交道。总的来说，这不是一个很舒适的状态：虽然能获得足够的钱并换来研究的自由，但大多数成功的科学家对积累财富并不感冒。正如英国医生托马斯·布朗尼（Thomas Browne）在 17 世纪所说的：“不应用钱去接近科学的殿堂。”爱因斯坦用一个简单且直接的方式表达了科学家的观点：“对一个不以科学研究为生的人来说，科学是一件非常美妙的事情。”

文特尔也有同样的感受，他希望自己的工作（以及员工的薪水）不受约束，且所有的一切都是有关发明的。一旦他的公司脱离了债权人，他所有的基因数据都将由自己做主，他在开放的遗传信息数据库 GenBank 中贡献了最大的数据。许多在公共部门工作的生物学家都为此感到高兴。

文特尔对基因组测序工作的第二个显著贡献源于他对工作尽早展开的迫切愿望且不顾及任何后果。如果文特尔想使用他人的 DNA 开展工作，按照伦理委员会的要求完成知情同意相关手续需等待 6 个月甚至更长的时间。由于不想等待和遵守公司科学顾问委员会制定的规则（至少不愿等待他们回信），文特尔和他的同事汉密尔顿·史密斯（Hamilton Smith）用自己的 DNA 启动了该项目。他们尽可能地保持缄默，因为他们知道自己远不是理想的实验对象。文特尔说，"如果他人知道我们使用了自己的 DNA，诋毁者会增加对我们的政治攻击。"

尽管如此，秘密还是泄露了。文特尔的公司，赛乐基因组公司（Celera Genomics）尽可能地对此事三缄其口。尽管它的科学顾问委员会对文特尔未按照他们的规则行事感到失望，却并未表现出任何惊讶。即使是文特尔的竞争对手和诋毁者也未对此大肆抨击，尽管文特尔有所担心，但他们的反应远比进行政治攻击柔和。当被告知解码的人类基因组中有 60% 来自克雷格·文特尔时，DNA 先驱詹姆斯·沃森告诉《纽约时报》，"我并不吃惊，这就是克雷格的行事风格。"当同一篇文章的作者建议文特尔的身体应该和他的基因组一起保存时，《美国人类遗传学杂志》（*American Journal of Human Genetics*）的编辑史蒂芬·沃伦（Stephen Warren）说，"毫无疑问，这正是他愿意在史密森尼学会表达的愿望。"

有趣的是，没有人对此表示震惊或愤怒。科学家，特别是那些与文特尔合作的科学家，已开始期待这种混乱状态。毕竟，这是一个被指控试图扮演上帝角色的人。

"这是我们地球上第一个完全由计算机设计得来的能自我复制的物种。"这是文特尔在 2010 年 5 月 20 日的新闻发布会上说的话，这使美利坚合众国的总统陷入了一种恐慌的状态。贝拉克·奥巴马（Barack Obama）说，"文特尔的科学成果被人们真正关注起来。"在文特尔宣布成果的几个小时之后，总统专门组织了专家探讨这项成果的含义。

文特尔所做的工作确实非比寻常。如果该消息来自奥萨马·本·拉登（Osama bin Laden）的录像带，一定会引发全世界广泛的恐慌。文特尔的研究小组创造了世界上第一个能自我复制的合成基因组。该基因组完全由电脑设计，并由储存在玻璃瓶中的化学物质进行组装。一旦组装完成并放置在一个无核的细菌内，这个基因组内的指令将被执行。细菌开始分裂并自我复制，分裂出的细菌包含人工基因组的另一个拷贝。整个过程顺畅得就像已在地球上生活了数百万年，而不是仅仅几天时间。

文特尔的目的不是给人类带来恐慌。他希望这种合成细胞——被命名为合成器（Synthia）——能有别于现有的工程菌，成为第一个新的化学工厂。许多自然繁育细菌中的DNA指令可使它们产生一系列化学物质。生物化学家已学会如何利用这一优势，例如，我们已能通过工程细菌来生产人工胰岛素。但文特尔希望开发能产生合成汽油的细菌，或者能处理导致全球变暖的过量二氧化碳的细菌。这些细菌的使命是拯救世界。

这里，并非强调文特尔已达到了那么高的工作水平。实际上，他创造的合成基因组只是一个现存细菌基因组的拷贝。生活在牛和山羊中的天然支原体（*Mycoplasma mycoides*）几乎与文特尔团队所合成的支原体相同。唯一的区别是，文特尔的团队在基因组中插入了一些"水印"。利用DNA的化学物质，他们在自然存在的遗传信息之外的空间中写了一个网址和一些著名的引文。其中包括加州理工学院已故物理学家理查德·费曼（Richard Feynman）的一句话："我无法理解我所不能想象的。"詹姆斯·乔伊斯（James Joyce）的话："去生活、去犯错、去失败、去胜利，去用生命重新创造生命。"网络地址是为了让任何解码这个信息的人使用。这是一个只能由首个破解代码的人得到的奖励。

这是一个戏剧性的设定，这也许就是为什么文特尔的许多竞争对手指责他炒作和搞噱头的原因。"是的，文特尔已用化学物质构建了一个基因组，"他们说，"但他必须将它插入一个现存的细菌中。"诺贝尔奖得主大卫·巴尔的摩（David Baltimore）对《纽约时报》说，"他并没有创造生命，只是模仿了生命。”生物医学工程师吉姆·柯林斯（Jim Collins）在《自然》杂志上说，“这项工作是我们重新设计有机体的能力的一个重要进步，但它并不代表能从头开始创造新生命”。

哲学家和伦理学家更加惊慌。据哲学家马克·贝多（Mark Bedau）说，“这是生物学和生物技术学史上的一个决定性时刻”。生物伦理学家亚瑟·卡普兰（就是那名看到朗德姆·谢特尔兹被老板在医院走廊里追逐的人）说，“人们非常需要对这项强大的技术进行更多的监督”。卡普兰指出，“如果被错误使用，这项技术可能对我们的健康和环境带来严重风险”。

事实上，争论从未停止：文特尔似乎具有无穷尽的挑衅力量，最令人印象深刻的是白宫的回应。在2010年5月20日的一封信中（也是文特尔在《科学》杂志发表论文以及召开新闻发布会的同日），总统要求总统委员会探讨生物伦理问题，以研究这一科学里程碑式技术的意义，以及其他可能在这一领域出现的研究进展。

奥巴马总统特别希望宗教团体能对文特尔的工作提出看法。鉴于他的工作性质，这一要求并不令人惊讶。但所有的宗教团体在面对文特尔的工作时，都认为这是失败的行为或是嗤之以鼻，因为这动摇了他们的地位。正如卡普兰在《科学美国人》（*Scientific American*）中所写，“对许多科学家、神学家和哲学家来说，生命是神圣的、特殊的、不可言喻的、超越人类理解的”。但卡普兰也表述，“文特尔现在已表明生命并不是那样的。似乎一个具有明显宗教色彩的无法解决的难题，即将被解决。”

对任何宗教来说，与科学所提供的证据进行竞争都将显得困难。拥有乔治城大学分子遗传学和生命伦理学博士学位的基督教牧师凯文·菲茨杰拉德（Kevin FitzGerald）在《自然》杂志上说，“我们现在才刚刚开始面对宗教解释和引导的问题。当我们为创造生命所做的一切都被简化为分子方程式时，围绕干细胞研究的当前问题将显得平淡无奇。”菲茨杰拉德还说，“从试管斗里冒出来的东西会让这看起来像小孩子的游戏”。

例如，某些群体婚后允许使用试管受精，但不能由他人提供精子：精子和卵子必须来自这对夫妇。这似乎是个简单的解决方案，但这不足以解决全部问题。如果丈夫不育，精子可以从捐赠者的胚胎干细胞中获得吗？这可以被接受吗？还有，如阿道司·赫胥黎（Aldous Huxley）在《美丽新世界》（*Brave New World*）中的反乌托邦式想象那样，他们的孩子可以在其他子宫内膜中培养吗？哪里是界限？

这不是一个空洞无聊的问题：这些问题正在我们身边发生。人类可仅依靠两个细胞就完成自我组装——精子和卵子（在正确的条件下）。因为有卡里姆·纳耶尼亚（Karim Nayernia）这样的科学家的存在，我们已在学习如何做到这点。

纳耶尼亚在伊朗西南部设拉子（Shiraz）地区长大并接受教育。这里有最古老的葡萄酒样本，被密封在超过 7 000 年的黏土罐中。设拉子是世界著名的设拉子葡萄的来源地，据说，加利福尼亚的设拉子葡萄就来源于此，至今仍与数千年前沐浴在设拉子阳光中的原始伊朗葡萄存在着一些遥远的基因联系。纳耶尼亚认为，生殖技术也如此。

如同设拉子葡萄为满足全球需求而大量出口并与技术发展相结合，纳耶尼亚也将自己对人类生殖基础知识的深厚经验与国际上的生物医学技术的最伟大创新相结合，产生了一种即将满足全球需求的结果：纳耶尼亚已成功制造了人工精子。

这项研究在 2006 年 7 月 13 日引起了世界新闻界的关注，那是纳耶尼亚宣布他用胚胎干细胞培育出的人工精子顺利诞生出活鼠的日子。从新形成的胚胎中获取的干细胞能转化为体内发现的 200 种不同类型细胞中的任何一种。因为这些干细胞可以在不进行分化的情况下自我繁殖，研究人员已经确认它们具有巨大的实用潜能：它们快乐地增殖，能变成你想要的任何东西。

为了获得突破，纳耶尼亚从小鼠胚胎中获得干细胞，让它们稍微发育一下，然后选取已将自己变成精原细胞的那部分。一旦它们发育成成熟的精子细胞，将被注射到小鼠卵子中。

成功取决于数字游戏。研究人员总共给210个卵子注射了人工精子。其中，只有65个成功受精并开始分裂。每个成功的受精卵都被植入了小鼠的子宫，但最后只出生了7只活的仔鼠。在这7只仔鼠中，有6只存活到了成年阶段。

在宣布利用胚胎干细胞产生功能性精子细胞不到一年后，纳耶尼亚宣布了下一步的计划：利用成人干细胞生成精子。将胚胎干细胞的突破转化为可行的技术需制备大量的不育男性的克隆胚胎——这对某些人来说，可能陷入伦理上的两难处境。但是，如果使用的是成体干细胞，比如骨髓中发现的干细胞，你不需要克隆就能获得一些活性精子。

成体干细胞不像胚胎干细胞那样多才多艺：它们不能发育为其他类型的细胞。但如果将它们从身体中的正确部位拿出，你通常能直接得到自己想要的结果。纳耶尼亚从成年男性身上获取骨髓干细胞，并将其培育成精原细胞——这些细胞在适当的条件下能发育成精子。这些细胞必须经过一系列发育过程才能成为精子细胞，其中包括三次减数分裂。纳耶尼亚已用小鼠完成了相关试验，并宣称在获得人类精子方面做出了初步——且有争议的——结果。不管他是否已做到了这点，但他的工作表明培养精子的过程没有本质上的障碍，只关乎时间和金钱。听起来，距离创造出新生命似乎很近了。

当然，精子只是问题的一个方面。精子面临的问题只涉及如何生长成熟并被注射到卵子中，而卵子本身是一个更复杂的挑战。一个女孩在出生前几个月，她体内就形成了原始卵泡。它们是未发育的卵母细胞——最终能发育成卵子的细胞——的容器。原始卵泡处于一种静息状态：它们的发育处于停滞状态，在青春期至绝经前那段时间会恢复发育。卵泡源源不断地发育是女性生育能力的源泉：每个卵泡都可能在短短几个月时间内将卵子培育为原来大小的200倍，然后破裂并释放卵子进入输卵管，形成以新的人类生命为目的的旅程。

2003年，宾夕法尼亚大学的一个研究小组宣布，他们用从小鼠身上获取的胚胎干细胞在培养皿中培育出了类似卵子的东西。这些卵子表现出了尝试进行细胞分裂以准备成熟的迹象，但事情没有进行到下一步。其他人后来也取得了类似结果，但实际上，这项技术已经消失了。今天，没人能通过干细胞培育出可受精的卵子。这个问题可能与卵子发育的环境相关。在自然条件下，它们生长的环境是被进化优选过的，成分和质地的配合完美。生育研究人员正在努力实验，试图知道哪些条件的必要性最高。

例如，墨尔本莫纳什大学（Monash University）的干细胞学家阿兰·特朗森（Alan Trounson）在液体培养液中培养了睾丸中的细胞，然后用这种培养基帮助小鼠胚胎干细胞的生长。睾丸细胞的生长似乎确将一些有用的生长因子释放到了液体中：浸泡在其中的干细胞发展成类似于携带卵子的卵泡。加州大学旧金山分校的研究人员雷妮·雷霍·派拉（Renee Reijo Pera）在干细胞培养基中添加了骨蛋白，发现处理后的干细胞变成原始卵子的数量有所增加。伊利诺斯西北大学的特蕾莎·伍德拉夫（Teresa Woodruff）则在另一个方面进行了推动：她用海藻中的化学物质制成凝胶胶囊，并将天然收获的小鼠卵泡注入其中。凝胶提供了一种完美的介质支持：当伍德拉夫用激素注射刺激排卵时，卵泡里释放出了卵子。

伍德拉夫设法使这些卵子受精，生产出活的幼鼠。2009 年，她的团队成功培育了人类卵泡，它们看起来非常接近成熟的卵子，这些卵子能产生所有的标准激素，如雌激素和孕酮等。目前法律仍然禁止出于研究目的而使人类卵子受精，但伍德拉夫惊讶于快速的研究进展，以至于现在的他们不得不面临这一障碍。

对包括 IVF 在内的技术，仍然存在着婴儿可能出现畸形的风险恐惧。从零开始创造新生命的一个严重困难在于——某个被称为印记（imprinting）的过程。人体内每个细胞所含的 DNA 几乎都是很长的分子。这个分子携带着基因，基因是表达蛋白质和其他对生命过程必不可少的分子的指令。在哺乳动物中，这些基因被“印记”，它是决定某些基因打开或关闭的化学标签。当雄性和雌性的DNA结合在一个胚胎中时，这些“印记”会决定品质因素。因此，当从干细胞中产生精子和卵子时，用正确的标签“印记”DNA是至关重要的。新标签必须被放在正确的位置上，如果出现错误，胎儿畸形将不可避免地出现。目前，我们还不能对印记过程进行适当的处理：例如，化学环境在培养的细胞中如何创造出正确的标签仍然是个谜。不过，辅助生殖的发展史也许能解决这个谜。

今天，人工子宫也快来了：先不考虑金钱的问题，我们只将它简单地视为一个工程学的问题。刘鸿庆（Hung Ching Liu）是康奈尔大学（Cornell University）生殖医学和不孕不育中心的研究员，她正利用从临床得到的子宫内膜中获取的子宫细胞，用以构建人工子宫。刘鸿庆认为，“可以通过给胚胎提供一些舒适的环境以提高临床上的体外受精成功率，即使它们需要生活在培养皿中。”

在刘鸿庆的第一次尝试中，培养皿中的子宫细胞不断突破内膜而接触到玻璃，就像树根触及基岩，坚硬表面足以阻碍胚胎的任何发育。之后，他从植皮手术获得灵感：用胶原蛋白和软骨素（人体软骨组织的主要成分）构成的生物可降解支架中培养组织。这个支架是碗状的，随着时间的推移会渐渐消失，只留下一个碗形的内膜组织。最后，他将从IVF治疗诊所那里获得剩余的胚胎放在的培养组织中，耐心地等待。它们正常生长发育了10天。

获得初步成功后，刘移除并破坏了胚胎：根据美国联邦政府的制度，在美国的实验室中你能培养人类胚胎的最长期限为两周。她为自己取得的成果兴奋不已，决定选择动物胚胎进行更深入的研究（小鼠胚胎）。实验成功了，但也有些令人不安。刘鸿庆利用制备人造人类子宫的方法做了一个人造小鼠子宫。她将小鼠胚胎放在该组织中，移植后的胚胎显得很开心，它们的细胞开始分裂。生长的胚胎出现了血管萌芽。它们几乎就要发育完整了，但是，每个胚胎都出现了显著的畸形。

妊娠是一个非常复杂的过程，需要一个不断变化的化学环境。如同每个试图建立人工子宫的研究者所发现的那样，每个阶段都有特定的要求，全过程都对我们的才智提出了巨大挑战。

据瑞典林雪平大学（Linköping University）生物技术、文化和社会学教授斯特兰·韦林（Stellan Welin）说，“在子宫外培育婴儿的体外生殖技术将开启人类生殖的第三个时代”。第一个时代是“普通”的概念和怀孕，现代人类在地球上持续了20万年的繁殖方式。第二个时代始于1978年露易斯·布朗的诞生，方式是胎儿在母亲的体外开始它的生命，然后被植入母亲的身体。我们可能能见到第三个时代，胎儿的整个孕育过程均发生在女性体外。根据IVF开创期曾与罗伯特·爱德华兹合作过的剑桥大学生育研究者罗杰·戈斯登（Roger Gosden）的观点，“这将是亿年来最大胆的进化步骤——因为胚胎膜会首先形成胎盘，乳腺会开始产生乳汁。”戈斯登说，“这一切必将发生，人类终于有机会了解生命生存中最脆弱的时期。更重要的是，想治愈疾病和帮助创造生命的需求致使这项进程不可抗拒。”亚瑟·卡普兰也同意该观点：“这也许需要60年的时间，但这是不可避免的”。

事实上，我们现在讨论着的所有技术都表明这不可避免，因为我们认为这里所涉及的一切问题都可简单地归结为工程学问题。我们对生命过程的控制将引发无数的争议问题，但第三个时代终将发生。或许，一些人会对此殚精竭虑，但它绝不是世界末日。

奥地利物理学家莉泽·迈特纳（Lise Meitner）还是孩童时，祖母曾告诉她，“如果安息日做了刺绣，天空会垮下来。”但她认为，实验结果才是最可靠的信息，迈特纳决定检测这个传说。在某个安息日，她试着将针尖扎进刺绣，结果什么也没发生。然后，她又缝了几针，仍然平安无事。于是，在她的余生，莉泽·迈特纳每周7天都能愉快地享受自己的业余爱好。

当我们学会做IVF技术时，天空并未在我们头上垮落。1977年，经济学和社会学分析家杰里米·里夫金（Jeremy Rifkin）发表了一篇文章对这项技术发出了今天看起来似乎有点荒谬的提示性警告：“不靠人与人的结合，而靠技术人员将精子和卵子技术结合；不靠温暖的子宫，而靠钢铁和玻璃环境生长——将会受到怎样的心理暗示?”看看第二年就出生的露易丝·布朗，答案是明确的，没有任何心理暗示。杰里米·里夫金后来提出，“在人工子宫中培育的孩子可能会变得‘暴力、社交障碍或内向’”。事实上，这是个鲁莽推断。是的，人类的传统经验已随着IVF的出现而改变，但天空并未塌下。当我们追求其他“奇迹”疗法时，天空也不会塌下。将发生的事情依旧是人类的经验将再次被更正，就像露易丝·布朗出生时一样，带来的将是更好的变化。

许多对生殖技术忧心忡忡的人都提到了阿道司·赫胥黎的《美丽新世界》一书。在这本书中，有家名为“伦敦中心孵化器”的婴儿工厂。工厂是一幅令人恐惧的场景，当时的社会已将人类繁殖的过程工业化。赫胥黎是撰写高质量科幻小说的有力作家，他的哥哥朱利安（Julian）是备受人们推崇的生物学家，遗传学先驱J. B. S. 霍尔丹则是他家里的常客。毫无疑问，这个故事是由晚宴上的谈话引起。谈话的内容是，“如果研究人员有权利及意愿对人类生殖做些什么，可能会发生哪些事情。”赫胥黎令人毛骨悚然地描写道，“在一个如同夏天下午闭着眼看到的深红色的黑暗环境中，胎儿在母猪的腹膜上生长，周围充斥着血液代用品和荷尔蒙”。

赫胥黎的《美丽新世界》一直表达着对生殖技术的一种非理性恐惧和厌恶。但是，那些急于将赫胥黎的想象与现实世界的生殖技术进行比较的人总会选择忽略。在该书首次出版15年之后的1946年，赫胥黎宣布，“如果有机会，他会写出截然不同的文章。”在新版《美丽新世界》的序言中，他说，“他想传递的是，科学和技术就像安息日一样，是为人类服务而出现，而非……要人类适应和被奴役。”

显然，正如我们过去经历过的，我们将继续享受科学那混乱状态给我们带来的技术：随着它们的成熟，或将在未来成为人们的日常选择。当无法获得自然产生的精子和卵子时，人工方式显然能给我们带来巨大帮助。也许，人造子宫的优势不那么明显，但在某些情况下，它甚至比母亲的子宫还安全。早在 1971 年，美国众议院律师爱德华·格罗斯曼（Edward Grossman）就指出，“一个有效的人工子宫，能让胎儿保持在一个绝对安全且有规律的环境中成长以大大降低出生缺陷的发生。例如，防止德国麻疹或母亲服用药物对胎儿产生影响。”对于那些无法使用自己子宫的人来说，这简直是天赐之宝。斯特兰·韦林在 2004 年的《科学与工程伦理》（*Science and Engineering Ethics*）中写道，“我发现，在许多情况下，体外生殖是令人讨厌的，但我必须承认自己没有足够的理由反对它的实施，至少在它能作为治疗手段的时候。”

我们被《美丽新世界》愚弄了，看起来，那些不羁的科学家并不会造就一个混乱的社会。不知是否有人对我们眼前这个充满出生缺陷、遗传疾病、不孕不育、流产和其他自然繁殖特征的世界感到忧虑？自然妊娠一般有 75% 的概率会以失败告终——许多女性甚至不知道自己曾经怀孕过。正如罗杰·戈斯登最近所说的，“在 50 年内，只要意愿、知识和资源到位，捐赠卵子和精子将被视为过时的过渡性解决方案，所有的婴儿都能健康出生。”到那时，当婴儿出生，依偎在母亲或父亲的怀抱中，谁会不认可这样的奇迹而感到兴奋？

实际上，IVF 的意义影响深远。当面对新生命的到来，我们不会因生物学上的无知而幼稚地认为这是奇迹，即便我们不再无知也仍会对其产生敬畏感。当我们学会了控制生物学进程且能改善大量人类的生活，我们将享受它给我们带来的益处，而非经历恐惧、心痛和失望。在生殖技术即将到来的浪潮中，唯一被削弱的是“神在创造生命中所起的作用”——隐藏的无政府主义者正从上帝手中接管生命的权杖。

而这种事情到处都在发生。例如，在动物学的前沿，人类已被剥夺了“特殊”动物的地位。人类凌驾于自然界的其余部分之上，几乎是世界上所有宗教的共识——在《圣经》创世记中，上帝赐予人掌控海洋里的鱼、天空里的鸟类、陆地里的牛群的力量，拥有整个地球以及支配地上所有爬行东西的权利。今天，科学告诉我们，遗传学家已证明了，我们和其他动物之间的差异微乎其微。到目前为止，我们只鉴定出了三种人类独有的基因，其余基因，我们与动物王国的同胞们共享。当人类基因组彻底完成时，我们大约20 000个基因中也仅有不足20个为人类独有。我们发现，其他灵长类动物的脑细胞和我们超大尺寸头骨里的脑细胞是一样的。这并不奇怪，我们看似独特的心智能力与其他动物相比，也不过是稍微复杂一些的技巧。在这个世界中，虎鲸和海豚能展示出不同的群体文化，乌鸦会使用工具，黑猩猩拥有道德，大象能表现出同情心，甚至蝾螈和蜘蛛也能展现出一系列的个性，很难说明人类在生物学上具有特殊性。的确，动物王国中没有其他物种能使用我们称之为语言的东西，但倭黑猩猩和猩猩可以使用手势进行交流。

科学正在迅速填平人类和其他动物之间的鸿沟，事实上，一些科学家甚至认为人权应该同样适用于其他灵长类动物。1993年，一个著名科学家小组发表了一本论文集，目的是说服联合国授予黑猩猩和其他高级灵长类动物类“人权”的特权。《大猿计划》（*The Great Ape Project*）建议，“‘非人的人类（黑猩猩、大猩猩、猩猩和倭黑猩猩）’应享有生命、自由和被保护免受酷刑的权利。”这本书的作者包括灵长类动物学家彼得·辛格（Peter Singer）和进化生物学家理查德·道金斯（Richard Dawkins），他们以典型的诙谐和挑衅的风格写出了以下内容：

> 记得有首歌，“跟我跳舞的男人的前舞伴曾跟威尔士王子跳过舞。”（I've danced with a man who's danced with a girl, who danced with the Prince of Wales?）我们不能与现代的黑猩猩杂交，但我们只需要些许妥协就能唱出：“把我养大的男人的母亲是被黑猩猩养大的。”（I've bred with a man, who's bred with a girl, who's bred with a chimpanzee.）

道金斯说，“人类与黑猩猩之间的差距并未远到要将它们与我们的权利区别对待的程度。”如果，在荒野中偶然发现了其中一个缺失的中间环节，那么：

> 宝贵的规范和伦理体系将在我们耳边响起，把我们隔离于世界的藩篱冲击得支离破碎。种族主义将伪装成物种主义引发固执而邪恶的混乱。种族隔离，对于那些信仰它的人来说，将承担一个新的紧急的重任。

可以预见的是，对该建议的反应从怀疑到严厉蔑视皆有。天主教会谴责该计划侵蚀了《圣经》中使人类统治地球的等级制度。天主教潘普洛纳暨图德纳总教区大主教费尔南多·塞巴斯蒂安（Fernando Sebastián）称，这一想法无比荒谬。当西班牙表示将考虑赋予灵长类与人类平等的地位时，塞巴斯蒂安接受了英国广播公司新闻的采访。他抱怨道，“某些人类——未出生的孩子和人类的胚胎——还未得到相应的人权，现在却在讨论是否应将它们赋予猿类。”

如果这些问题看起来会让你感到激进，那是因为生物学只是最近才开始掀起对我们禁忌的挑战，并将我们从舒适的区域移开。与生物学相比，物理学在此前的几百年一直挑战着人类的认知。

16 世纪初，地球位于宇宙的中心，宇宙中的一切都围绕着我们的星球旋转。1 000 多年前，埃及天文学家托勒密建立了一个复杂而美丽的（在数学上非常复杂）系统以描述行星轨道。然而，16 世纪末，整个构架在尼古拉·哥白尼（Nicolaus Copernicus）的日心宇宙学面前轰然倒塌。

尽管我们已在探索科学混乱状态方面获得了部分经验，但仍然惊艳于哥白尼灵感的来源竟然和爱因斯坦一样奇怪且不合理：哥白尼的学说是受一名鲜为人知的希腊神秘主义者的奇思妙想的启发。

克罗顿（Croton）的菲洛劳斯（Philolaus）是与苏格拉底

(Socrates) 同时代的人。他说，“宇宙是由原始元素的复杂排列产生，称为‘有限物’和‘无限物’。无限物包括地球、空气、火和水；有限物是具有形状的东西（如四面体）且‘万物皆有数’。”据此，菲洛劳斯得出结论，“地球围绕着‘中央火’运行，但他所指的‘中央火’并不是太阳。”

菲洛劳斯所指的中央火是一种神秘的宗教火焰，它孕育了宇宙。对希腊人来说，它也被称为宇宙的灶台和宙斯的碉楼。在他们看来，天体按10个轨道围绕着中央火进行运转——最远的是“固定”星，然后是5个已知的行星，之后是太阳、月亮和地球。在最内侧轨道运行的是“反地球”(counter-Earth)。菲洛劳斯庄重地宣布，“这个物体对我们来说不可见，因为中央火总是位于地球与反地球之间，我们总是背对着反地球。”

在哥白尼的名著《天体运行》(*De Revolutionibus*) 中，哥白尼将这个系统作为他的天文系统的“雏形”。哥白尼的理论并非建立在过去积累的科学知识上，而是直接回到了神秘主义的希腊时代。现代天文学家很少提及这点，因为哥白尼成为了理性的守护神，但这并非事情的本貌。《天体运行》出版后的几年，伽利略表达了自己的震惊。在思考哥白尼是如何将菲洛劳斯那奇怪而神秘的想法转化为明显事实的时候，伽利略在他的《关于世界两大体系的对话》中说：“我的惊讶，无以言表”。托勒密也许会在坟墓里辗转反侧——在公元168年去世之前，托勒密曾将菲洛劳斯的想法称为“极端荒谬”。

也许，正是因为哥白尼所承认的这个思想来源不足以令人信服，科学界对哥白尼关于地球绕太阳转的观点并不那么认可。例如，哥白尼死后不久出生的天文学家第谷·布拉赫（Tycho Brahe）就不相信这个观点。更大的问题是，它与宗教的宇宙观截然不同。

这也正是伽利略力挺哥白尼观点却使自己陷入困境的原因，他在软禁中结束了自己的生命。然而，无政府主义者艾萨克·牛顿继续了伽利略的努力，将日心宇宙建立在了一个坚实的数学基础上。不过，牛顿仍然给上帝留下了一个小小的空间，他宣称，“神的手仍有足够的可能引导行星运动。”不久后，彼埃尔－西蒙·拉普拉斯（Pierre-Simon Laplace）证明上帝是多余的。拉普拉斯著名的言论是，自己对天体运动的计算是如此精确，以至于现在完全不需要上帝的介入。

这是科学所做的事情：在追求真理的过程，它攻击现状，丝毫不顾及被攻击对象是上帝还是人。同时，一旦开始，这个过程会不断持续下去。物理学家们从一开始就将他们大胆的理论带回了万物的开端。大爆炸理论描述了宇宙如何形成，甚至打破了现在的禁忌。2010年9月，伦敦《泰晤士报》（*Times*）的头版文章，史蒂芬·霍金宣称，“拉普拉斯认为上帝已不再是创造者：物理定律可以在没有神的帮助下形成宇宙。”这个声明，在宗教评论家中引起了广泛的愤慨。但霍金发表如此声明并不令人惊讶，因为他在这方面已有了自己的表现。

在《时间简史》中，霍金讲述了自己参加1981年在梵蒂冈举行的宇宙论会议的故事。在会议期间，他会见了教皇约翰·保罗二世（Pope John Paul Ⅱ），两人讨论了宇宙学的优点。根据教皇的说法，研究宇宙在大爆炸之后的演化是正确的，但不必研究大爆炸本身，教皇说，“那是创造的时刻，是上帝的工作。”霍金以一种典型的机智诙谐的方式告诉人们，他刚就这一主题向大会作了介绍，不过并未告诉教皇。他说，“我不想重蹈伽利略的覆辙。”

霍金显然是在开玩笑，他并不需要担心，因为这些隐藏的无政府主义者经常使教皇们束手无策。事实上，科学让宗教感到恐惧。霍金只不过是为了好玩而已。从字里行间看，他似乎在说：“让教皇去敬畏上帝吧！我们的科学家不在乎这点。”

不过，他似乎还可以补充一句——尽管科学家们乐于偶尔对神进行抨击，但攻击他们的同龄人则更常见。正如我们将在下一章探讨的那样，科学是一个残酷的角斗场。在这个竞技场中，科学的混乱状态有着非凡的表现。

6 战斗吧

“我演奏了勃拉姆斯（Brahms）那个恶棍的音乐。多么无耻的杂种。这种跳跃、膨胀的平庸才能竟然被誉为天才，这让我恼火。”这是柴可夫斯基（Tchaikovsky）对他同时代更著名的艺术家的评价。这种态度贯穿了艺术史的始终。德国小提琴家和作曲家路易斯·施波尔（Louis Spohr）称贝多芬（Beethoven）的《第五交响曲》为“庸俗的喧嚣”。爱杜尔·马奈（Édouard Manet）在给同事克劳德·莫奈（Claude Monet）的信中用冰冷的措辞评价了雷诺阿（Renoir）：“那个男孩，他根本没有天赋，叫他放弃画画吧！”

将艺术与科学相比，艺术家们只是在背后挖苦他们的同事，而科学家们会展开面对面的对战。化学家吉尔伯特·路易斯（Gilbert Lewis）对来访并进行报告的欧文·朗缪尔（Irving Langmuir）作介绍，“今天，我们的演讲者久负盛名，但我们却发现他相见不如闻名。”4年后，1946年3月23日，与朗缪尔共进午餐大概一小时后，人们发现路易斯死在了实验室里。空气中充满了杏仁的味道，实验室的长凳上放着一瓶氰化氢。

直到今天，没人知道路易斯到底是死于自杀还是一次意外，抑或是更令人不安的其他原因。路易斯的尸体并未接受尸检。在《科学殿堂》（*Cathedrals of Science*）一书中，帕特里克·科菲（Patrick Coffey）对化学史作了精彩剖析，揭示了与该事件有关的谎言和半真半假的线索。朗缪尔访问伯克利的那个时间点在故事中消失了近60年。在朗缪尔的著作中，根据他著名的将路易斯的科学抨击得体无完肤的《病理科学》论文记载，他在1945年或1946年访问了加利福尼亚大学。组织午餐的乔尔·希尔德布兰德（Joel Hildebrand）后来错误地写道，“那是1945年。”这到底是无意的失误，还是故意企图给朗缪尔制造路易斯死亡时的不在场证据，我们永远不得而知。所有参与当时该事件的人都已去世。

科菲得出的结论是，“路易斯很可能是在实验室里使用氰化氢的时候心脏病发。”他过着非常不健康、大量吸食烟草且充满仇恨的生活，这极易诱发心力衰竭。但科菲也很沮丧，因为其他一些人认为，自杀才是最可能的原因。谋杀则是不可想象的，或者说，没人愿意将它作为选项之一。

真相似乎不重要了，从科学上看，朗缪尔已击杀了路易斯——朗缪尔获得了诺贝尔奖。路易斯毁灭自己的种子源于将斯德哥尔摩两个极具影响力的化学家树立为自己的敌人。沃尔特·能斯特（Walther Nernst）和斯凡特·阿伦尼斯（Svante Arrhenius）原本相互憎恶，阿伦尼斯设法将能斯特应得的诺贝尔大奖阻碍了15年。不过，路易斯成为了他们共同的敌人。在一篇1907年的论文中，路易斯称这两人的一些工作“缺乏系统性”且“不精确”，他们的“旧近似方程”不再符合现实需求。这篇论文使路易斯与诺贝尔奖几乎绝缘。

2010年10月，荷兰研究人员发现，胆怯和内向的小学生更易进入科学领域——有点像羔羊到屠宰场。虽然，直到现在也很少有人公开承认这一事实，但大家很清楚，如果你希望在科学上取得伟大成就，必须做好杀戮或被杀的准备。在发现的竞赛中，第二名没有奖品。正如彼得·梅达瓦所写：

> 科学家大部分的自豪感和成就感源于自己工作的首创性，而不是源于做一些加速推进，或者改变思路，抑或加深理解的工作……通常，艺术家不会为优先性问题而烦恼，但如果瓦格纳（Wagner）

知道其他人有可能在他之前写出《诸神的黄昏》(*Götterdämmerung*)，他一定不会在《尼伯龙根的指环》(*The Ring*)上花费20年的时间。

这是贯穿整个科学领域的一个主题，尤其是诺贝尔奖。以晶体管的故事为例，晶体管是当代世界的决定性技术。它的功能听上去很平淡，本质上就是一个电信号的开关和放大器。但如果没有晶体管，你的生活将面临瘫痪。它们除了在计算机、手机和互联网服务器中有明确的用途外，还存在于烤面包机、洗衣机、汽车、微波炉里。可以说，没有晶体管，今天的世界将面目全非。

21世纪，我们已学会了将晶体管做到难以想象的小型化——2008年，贝尔实验室推出了一种由单个分子制成的晶体管。世界上首个晶体管大约有1厘米高，它同样出生于贝尔实验室。它诞生于混乱状态：沃尔特·布拉顿（Walter Brattain）、约翰·巴丁（John Bardeen）和他们的老板威廉·肖克利（William Shockley）因这项发明获得了1956年的诺贝尔物理学奖，但在抵达斯德哥尔摩之前他们已成了仇敌。

冲突始于1947年。布拉顿记得肖克利闯入实验室，当时他和巴丁正研究一个放大器的设计，这将是首个晶体管的雏形。肖克利得知他们一直在与贝尔实验室的专利律师交流后，他提醒他们，自己最先发现了如何控制硅中流动的电流。同时警告他们，任何专利都应归属于他。“噢，该死，肖克利，”布拉顿回答道，“荣耀适用于每个人!”

肖克利对此非常不爽。他决定单干，他将自己关于晶体管的设计送到了专利律师那里。这是一场灾难，1930年物理学家朱利叶斯·利林费尔德（Julius Lilienfeld）申请了一个与肖克利的设计完全相同的晶体管美国专利。律师告诉他，贝尔实验室能申请晶体管专利的唯一方法是使用巴丁和布拉顿的设计。

接下来的一个月，肖克利烦躁不安，日夜难寐。然后，他得到了《水晶火焰》(*Crystal Fire*)的作者迈克尔·赖尔登（Michael Riordan）

和莉莲·霍德森（Lillian Hoddeson）所说的，“他生命中最重要的想法”。这是一种包有半导体材料制备的夹层设计，能以全新的方式放大电信号。他对巴丁和布拉顿守口如瓶，并秘密进行自己的设计工作。

3 周后，贝尔实验室的一位同事无意中强迫肖克利做了一件事。约翰·希夫（John Shive）也有跟肖克利类似的想法，并在研讨会上提到了这点。肖克利担心巴丁和布拉顿会很快获得灵感，从而抢先做出了他的放大器。他站了起来，用对自己新设计的全面描述抢了希夫新想法的风头。巴丁和布拉顿惊愕地发现，他们的老板居然一直私藏着一个如此好的想法。仅通过眼神的交换，战争就宣布了开始。

巴丁和布拉顿有一个实物装置，可以加速他们的专利申请。而肖克利没有能拿得出手的实物，但他却有自己敌人所没有的东西：权威。几天之后，巴丁和布拉顿发现，所有实验室的资源都被重新分配，专注于开发肖克利的设备。

然而，一切都太迟了，巴丁和布拉顿的发明已经奏效。他们将其发明改名为“晶体管”，蓄势待发。肖克利所能做的就是在他们的工作中加上一个补充。关于晶体管的工作在 1948 年 7 月 15 日的《物理评论》（*Physical Review*）杂志上发表了三篇论文。一篇是赖尔登和霍德森的论文，一篇是巴丁和布拉顿写的《永恒的经典》，第三篇是肖克利和实验合作者杰拉尔德·皮尔森（Gerald Pearson）写的《极易被遗忘》。

肖克利情绪低落，但他并未被打倒。由于未能阻止晶体管的诞生，他决心寻找另一种方式将自己写入历史。他寻求管理者的支持，并以一种连史坦利·布鲁希纳都觉得脸红的方式发起了公关攻势。现在看来也令人无法相信，肖克利让他那些位处于贝尔实验室上层的朋友们坚信，如果没有肖克利的规划，巴丁和布拉顿无法获得任何成就。在启动晶体管的记者招待会上，巴丁和布拉顿销声匿迹了。肖克利的老板拉尔夫·布朗（Ralph Bown）宣布了这一消息。当演示完晶体管的力量时，布朗将麦克风交给了肖克利，由他回答记者们的提问。

肖克利不守规矩的证据仍然存在，任何人都能看到。在经典的贝尔实验室三人组照片中，肖克利坐在实验台上，正通过显微镜调校晶体管，巴丁和布拉顿站在他身后看着他。他们脸上痛苦的表情流露出对自己最珍贵财产即将被一个生手打破的担忧。巴丁，一个不善言语的人（但却是两个诺贝尔奖的获得者），有一次无意中透露了沃尔特·布拉顿“确实讨厌这张照片”。

事情至此还未结束。肖克利已处理了晶体管事件，但他不会冒险让类似的事情再次发生。于是，他开始了一场系统性排除异己的运动，开创了巴丁后来称之为“无法忍受的局面”。当肖克利的研究小组搬到一座新建筑时，巴丁和布拉顿的工作场所被分配在了肖克利和他的亲近合作者实验室的地下室中。布朗对巴丁和布拉顿的抱怨不予理睬。到这三人被授予诺贝尔奖6年前的1950年，巴丁已放弃了合作。他进入了一个完全不同的领域——研究超导体的电学性质，并在1951年离开了贝尔实验室。他在给实验室主任的辞职信中写道：“我的困难源于晶体管的发明。”尽管沃尔特·布拉顿最终选择了留下，但由于失去朋友和合作者而导致的痛心，他拒绝再与肖克利有任何合作。

威廉·肖克利的所作所为在科学史上并不罕见。他是一位伟大的科学家，更是一位伟大的斗士。他1989年去世，在斯坦福大学举行的纪念会上被致辞为：“他为每人都设置了极高的标准，包括他自己。事实上，每一项活动都是一场他参与其中的全力以赴的竞争。”现在看起来，当他输掉一场比赛时，他不会屈从于规则，这样他就能勇敢地参与并分享荣誉。在科学内讧方面，肖克利的行为只是小打小闹。沽名钓誉算不得什么，真正不守规矩的人会固执地坚称规则本就不存在。而且，他们还能说服自己的同行。

尽管科学家们喜欢将哥白尼视为一个明显正确的研究者，但他的黄金思想——地球绕太阳转——却遭到了他的科学同行们的广泛拒绝。第谷·布拉赫（Tycho Brahe）是哥白尼晚年的天文学巨擘，他选择忽视日心模型。艾萨克·牛顿和弗里德里希·高斯（Friedrich Gauss），20年后才认可和接受这个激进的想法。35年以后，牛顿所在的大学才愿意讲授哥白尼的成果。

乔纳森·斯威夫特（Jonathan Swift）曾说过："当一个真正的天才出现在这个世界，你也许会很快通过这个现象认识他——所有的笨蛋都抱着团地反对并攻击他。"阿尔弗雷德·魏格纳（Alfred Wegener）就是典型的例子，他在我们完全没有板块构造概念的几十年前就提出了大陆漂移理论。魏格纳注意到，如果没有被海洋隔开，各条海岸线——特别是南美洲和非洲的大西洋海岸线——都能很好地结合在一起。地质学似乎也跨越了海水的阻隔，山脉和一些其他特征也具有很强的延续性。魏格纳在德国马尔堡的一个图书馆读书时发现了一个奇怪的事实：南美洲和非洲有相同的化石标本。尽管证据并不确凿，但总体而言，它看起来很有说服力。他后来写道："对这个观点具有基本合理性的信念开始在我的脑海扎根。"

1912 年，魏格纳在法兰克福地质协会会议上阐述了自己的想法。他提出，"在遥远的过去，地球上的各大洲连接在一起并形成一个超级大陆，后来被称为泛大陆（Pangaea）。后来，这些洲开始了'漂移'以出现了今天的状态"。这个想法立即遭到了会上地质学家们的集体驳斥。1926 年，美国石油地质学家协会甚至组织了一个专门的研讨会以谴责魏格纳的假说。直到 20 世纪 60 年代初，"大陆漂移学说"都被认为是个荒谬的想法。后来，科学家们掌握了正确的技术，魏格纳的说法才开始得到接受。

第二次世界大战期间，盟军绘制了海底磁图以追踪德国潜艇。在 20 世纪 60 年代，科学家们能利用这些地图和测绘设备检验地球地壳的性质。他们发现，地球的地壳是由一个巨大的互锁板组成的拼图，它们悬浮在下面的半熔化层上，并慢慢地相互移动。在 1964 年的英国皇家学会的会议上，科学家们宣称大陆漂移是新的正统观念。到了 20 世纪 60 年代中期，你已无法找到任何一篇不赞同魏格纳假说的论文。可悲的是，当时，魏格纳已去世 30 多年了。

对约翰·詹姆斯·沃特斯顿（John James Waterston）的认可同样是

在其身故后缓慢而来的。1843年，他就提出了对气体行为的描述，这是今天经典气体动力学理论的先驱。当他提交论文给皇家学会进行同行评议时，约翰·卢波克（John Lubock）爵士称之为“无稽之谈”。40—50年后，沃特斯顿的贡献才得到认可。

有时，即便在同行蔑视和侮辱的环境下，坚持也会得到回报。例如，芭芭拉·麦克林托克（Barbara McClintock）就曾被当时著名的遗传学家批驳，“麦克林托克只是个一直在冷泉港漂流了多年的旧口袋”。当她在1983年因其被嘲笑了近40年的工作而获得诺贝尔奖时，心里该有多么自豪。

麦克林托克的成果立即出现在了世界各地报纸的头条。如果我们能更早地关注到它，我们的医院或许就不必疲于处理致命的“超级细菌”——这是一类能快速进化的细菌，超越了我们最好的抗生素。例如，我们已知的耐甲氧西林金黄色葡萄球菌（MRSA）在1993—2009年间造成了约13 000名英国人死亡，而我们能做的只是控制它的传播。这些杀手如此高效的原因，来自一种被麦克林托克的同行视为根本不可能存在的进化机制。

当你听到这背后的故事时，你会惊讶于麦克林托克在面对这些批评时的坚定决心。她的父母最初称她为埃利诺（Eleanor），但她认为这过于纤弱和女性化。麦克林托克认为，芭芭拉显然更符合自己的气质。也许是因为圣·芭芭拉（St Barbara）是抵御雷击和暴风雨的保护者，或者仅是因为该名字的意思是“外行人”或“外国人”。

1941年12月，麦克林托克开始在纽约长岛华盛顿研究所的卡耐基研究所工作。这个被称为“冷泉港”（Cold Spring Harbor）的实验室是一个遗传学研究站，那里的植物育种家试图找到遗传的根源。时年39岁的麦克林托克获得了一年的研究职位，但她注定要为该机构工作到60岁。在此之前，她曾四处奔波，在德国、加利福尼亚、密苏里和康奈尔工作。然而在长岛，她找到了自己一直寻找的东西：一个让自己沉浸在发现中的机会。

麦克林托克的专长是玉米遗传学——遗传特性。正如你和我能从各自的父母那里遗传到不同的头发和眼睛颜色或指甲形状，玉米也有自己的特征，特别是叶子和种子的颜色，这是由它们的亲本植物决定的。麦克林托克一次种植数以百计的玉米植株，并追踪它们的亲缘关系。事实上，她做的工作远不止于此，她还客串了风和昆虫的角色，进行手工授粉。

每一粒玉米都来自于一个独立的卵细胞，一株植物里包括数以千计的卵细胞。受精花粉来自同一植物，或被风或昆虫携带来的邻近植物。因此，每个卵细胞都能从一个完全独立的植物受精。这是一个单一生物体内存在大量变异的模型。对遗传学家来说，这既是一种祝福也是一种诅咒：变异赋予了选择有趣特质的潜力。不过，如此巨大数量的变化，很容易导致对科学发现中至关重要数据的忽略。

麦克林托克是个全神贯注、充满激情且单身的人。她能将许多同事看作朋友，但她并不擅长与异性交往。她曾对自己的传记作者伊夫琳·福克斯·凯勒（Evelyn Fox Keller）说，“我确实对这种事情没什么感觉。”她在很多方面都非常适合这个孤独的任务，一大早就来到长岛的玉米田，将所有的注意力都集中在玉米粒、蜡质条纹叶和给予植物特定表型的分子结构里。

1944 年，麦克林托克注意到她标注为 B－87 的植物有点异样，它黄色的种子有红色和紫色的斑点。这个现象或许并不特别，但那些斑点出现的方式引起了麦克林托克的注意。每颗种子都是作为一个重复分裂的单个单元启动的，每次分裂都会将遗传信息传递一个拷贝。因为每个细胞都有着相同的遗传信息，故而，它的颜色应该是一致的（默认为黄色）。如果不是这样，一种能表达色素将细胞染色的基因一定是零星开启的（比如将它变成紫色或红色）。麦克林托克在 B－87 中敏锐地注意到，尽管色素沉着是零星的，但它的出现绝不是随机的。

经典的遗传理论存在两个问题。首先，一个基因可能会自发地启动并引起突变，但这也意味着它将持续开启，突变被认为是永久性的特征；其次，突变的发生具有随机性。而在 B－87 中，事情完全不是这样。当麦克林托克检查每种特定尺寸色斑的个数时发现，它们遵循着一个明确的模式。当她将植物看成一个整体，观察它新生长出的种子时，这种明确的模式又被重现了一次。

当色素沉着基因的启动发生在细胞分裂过程的早期，种子上会出现尺寸较大的斑点，因为这为复制该突变提供了足够长的时间。而尺寸较小的斑点则来自于种子生长周期后期出现的突变。各种斑点的固有分布方式明确地提示，这绝不是一个随机过程，显然，有些东西控制着基因突变。麦克林托克知道，这是生物学上的异端邪说。她花了 3 年时间对显微镜下的细胞进行了进一步的繁殖、观察和检测。最终，她找到了一个相对合理的理由。

多年对种子斑点的研究使麦克林托克也同时观察了植物叶子的杂色或条纹。1946 年，她注意到，在杂色的多样变化中有一种固有的模式：她经常发现大于平均面积的两条条纹区域通常紧靠着小于平均面积的两条条纹的区域。在麦克林托克看来，这似乎是有一个细胞获得了邻近细胞丢失的东西。在控制着种子和叶片的基因的某个地方，有某种东西以某种被严密控制的方式从一个地方传递至另一个地方。这个东西，她最终发现，存在于染色体中。

科普作家马特·里德利（Matt Ridley）用一种有趣的方式描述染色体——染色体是由 DNA 构成的，DNA 的基本单位是腺嘌呤、胞嘧啶、鸟嘌呤和胸腺嘧啶，我们用字母 A、T、C 和 G 分别表示它们。“这些字母可以串在一起形成单词，组成段落，并最终形成章节。”里德利继续解释，“这些章节就是染色体。将所有的染色体段落放在一起，你将得到一本能完整描述如何制造有机体指令的书。”

你和我的细胞中有 23 对染色体，每对染色体都由分别来自父母的一条构成。玉米细胞中有 10 对染色体，麦克林托克发现的诡异现象发生在第9号染色体上。她发现，在这一章内，有整个段落在移动的情况。她将这一过程称为转座（Transposition），并认为这是导致叶子出现杂色和种子出现斑点的原因。我们作一个不太准确的比喻——基因组说明书的“读取者”偶尔会遇到一个指令，指令让“读取者”不管实际看到了什么，只要读到关闭黄色色素这个段落就必须开启紫色色素的基因。

直至今天，生物学家们仍未彻底搞清楚转座到底是怎么回事。但在1951年前，麦克林托克就已发表文章提示了染色体里面会发生这样的事情。“基因组的一些部分能通过一种协调的方式进行移动，”她说，“这样会极大地促进子代的多样性。这些‘控制元件’似乎不仅是基因本身，它们更像是对基因负责的管理者。基因组这本书不仅是一个配料清单，它更像是一个完整的厨房，装备了有创意的厨师、各种配料和炊具。这些‘控制元件’会管理这间厨房，决定如何发挥出这些因素的最大潜力。”

对麦克林托克来说，生物世界中看似无穷尽的变化突然变得非常有意义。生物学家一直在努力理解，既然生物体内的细胞具有完全相同的基因组，为什么有些细胞会变成肌肉，有些细胞会变成动脉或发丝。麦克林托克给出了一个答案：“这是‘控制元件’的作用。”然而，她的同事们并不相信她。

关于麦克林托克是否被同事冤枉，今天仍存在争议。一些科学史学家认为，她是男人世界里的女人，拒绝她想法的根源是性别歧视；另一些人则认为，当时的证据不足以证明她的那些激进结论。从1973年她写的一封信来看，麦克林托克认为自己已超越了同时代的思想：“在20世纪50年代，试图说服遗传学家认为基因的作用存在控制是显而易见的痛苦……人们必须等待正确的时间以接受观念上的改变。”同年，另一封写给同事的信则留下了她的愤怒：“我在意识到自己对该结论缺乏证据和信心很久以前就停止了详细报告的发表。”

有趣的是，几十年之后，麦克林托克的工作才开始慢慢被人认可。

当时，她被孤立了。

诺贝尔奖获得者，维生素C的发现者，生物学家阿尔伯特·森特-哲尔吉（Albert Szent-Györgyi）似乎已洞悉了这个贯穿科学的真理。他说："真正的科学家……需要作好忍受贫困的准备。如果有必要，即便饿死也不能让任何人更改他的工作方向。"但他同时指出，这不是一个对真理的无私追求，而是一种自私的追求。芭芭拉·麦克林托克曾写过这样的话，"利用真正的自我主义者寻求自我快乐和满足的过程，去解决自然界中的困惑。"

麦克林托克加入冷泉港实验室的理由是，它给了她一个"不干涉和完全自由的政策"。她说，"我完全活在自己的节奏里，除了对我的良心负责之外，没有别的任何义务。"我们可以看到，她完全不必理会别人对自己工作的看法。"我认为，给生物学家的废纸篓增加重量毫无意义，"她在1973年的一封信中写道，"相反，我决定用更多的时间扩大实验，从而增加我对基本现象的理解。"

这使她可对同事们的批评置若罔闻，从而能专心制定自己的研究计划，并作出修正。她在1983年写道：

> 多年来，我非常享受自己的工作状态，我可以尽情地工作。我从不为如何捍卫自己的观点而苦恼，甚至都没有去捍卫的必要。如果事实证明我错了，我会忘了自己曾经持有的观点，这并不是什么大不了的事情。

看起来，麦克林托克并不在乎科学界的认可，她的奖赏是解决谜题后的个人满足感。她从事科学研究的原因仅是因为自己的求知欲。事实上，我们在她的书信中确实未感觉到过多的情绪波动，即使法国遗传学家弗朗索瓦·雅各布（François Jacob）、安德烈·利沃夫（André Lwoff）和雅克·莫诺（Jacques Monod）在1965年赢得诺贝尔奖时亦是如此

——他们在 1960 年证明了构成机体的基因能被旁边的基因所调控。

然而，有其他人代表麦克林托克发声了。1967 年，当她被授予美国国家科学院金伯奖（National Academy of Sciences Kimber Medal）时，致辞中指出，“麦克林托克的工作指引了诺贝尔奖获得者，他们的想法很可能受到芭芭拉的影响”。

突然间，她又重新回到了风口浪尖。人们发现，转座在抗生素耐药、癌症和免疫学等方面也具有重要作用。它在自然界中是普遍存在的，而不仅是玉米的怪癖。1981 年，用她的传记作家的话来说，“麦克林托克被奖杯包围了，5 个有声望的奖项接踵而至。”2 年后，1983 年，她已在斯德哥尔摩考虑诺贝尔授奖仪式上的演讲词了。

在授奖典礼之前，诺贝尔奖的获奖者会下榻斯德哥尔摩大酒店。横跨海滨与宏伟皇宫的酒店有着如明信片般的美丽风景——在最美的瑞典建筑群的映衬下，船只在水面穿梭，游人在堤岸漫步。也许，当时的芭芭拉·麦克林托克正坐在一张靠窗的桌子旁，俯瞰着这样一种景象。

她获奖感言的第一稿写在了有酒店抬头的信纸上。信纸的设计特别简单：只有一个王冠（酒店的标志），以及地址与电话号码。形成鲜明对比的是，麦克林托克在准备演讲时所做的 20 页笔记特别复杂——有交叉线，蜿蜒的修正曲线，页面周围有大量删改。她的笔迹和她的科学一样，不易辨认。然而，研究这些草稿极具价值，因为它提供了一个罕见的例证：一个经历了嘲笑、蔑视和无情冷落的科学家在登上科学高峰时的真实心理。

“多年以来，”她写道，“我研究了一种遗传现象，这个现象只有极少数人能接受，多数人对此嗤之以鼻。”之后，她将这段话划掉了，她对这个开头不满意。她继续写道，“自己被一些评论家‘逗乐’了。一位玉米遗传学家曾拜访过她，说自己想听听麦克林托克持有的一些奇怪的观点，而他对这些观点不屑一顾。当时，我忍不住笑了起来。”

以下这段描述几乎在她演讲的每版草稿中都有，但在最后的定稿中均被删除。在颁奖仪式上，麦克林托克对自己的“激进”地位表示高兴。因为她遭到了同龄人和同事的忽视甚至是拒绝，她享受独自从事自己所热爱的工作：

> 除了仅有的几次偶然机会，我从未被邀请进行演讲或者参加会议，也未被邀请参加委员会或评审会，或履行其他科学家的职责。我并不觉得这段时间是困难的，相反，我认为这是一段愉快的时光。因为它允许我完全自由地支配时间以进行持续的科学研究。

她说，她被冷落的那段时期让她感到“惊讶和困惑”，但她没有提到同行们的盲目如何逗乐了她，以及她如何嘲笑他们对自己工作的荒谬的反应。相反，她重申了自己无政府主义的态度。对她来说，工作的重心仅是遗传学的难题和这些难题为她提供的“纯粹的快乐”：

> 当你突然发现问题时，有些事情似乎已经发生过——你在能用语言表达出来之前就有了问题的答案，一切都是在潜意识中完成。这种事情在我身上发生过多次，我知道什么时候应该认真对待它。我对此非常肯定，我不会跟人谈论，也不需要告诉他人，我只是非常确定。

看来，麦克林托克与法国生理学家克劳德·伯纳德（Claude Bernard）所表达的情感有共同之处：“发现的喜悦，无疑是人类心灵所能感受到的最活跃的情感。”

然而，并非所有的科学家都能跨越被同行排斥的痛苦。作为瑞典首位获得诺贝尔奖的人，斯凡特·阿伦尼斯（Svante Arrhenius）拼尽全力才确保了自己的才华被认可。作为乌普萨拉教堂学校的毕业生，《圣经》中的原则深植于心：“先知在自己的国家没有荣誉。”在读研究生的时候，他对化学反应进行了一次开创性的分析，但他的导师认为这项工作并无意义，他被给予了最低分通过的评价。这将使他失去开始职业生涯的机会，但阿伦尼斯通过向瑞典以外的杰出科学家投送论文而赢得了科学救赎。外国物理学家和化学家们认可了该研究的水平——毕竟，这是一项后来给他带来诺贝尔奖的工作，并为他提供了获得研究职位的机会。但阿伦尼斯渴望留在瑞典照顾他垂危的父亲，于是，他利用这些邀请函作为自己在乌普萨拉申请工作的筹码。

这是阿伦尼斯被称为权谋家的早期尝试。当时，在一片美妙的混乱状态下，他开始为自己获得诺贝尔奖撒播种子。他被要求帮助建立诺贝尔奖基金会，他知道如果由他的同胞单独掌权，自己几乎没有机会从艾尔弗雷德·诺贝尔（Alfred Nobel）的遗产中获益。于是，阿伦尼斯开始利用他的地位确保提名委员会里出现瑞典以外的科学家。

初期的诺贝尔奖很容易被浪漫化，毕竟，那时的科学还在世界上探寻出路。也许，20 世纪上半叶，卡罗林斯卡医学院里发生的诡计、侮辱、内讧和阴谋，只是正在经历青春阶段的科学的外在征象。这是一个很好的想法，但它并不能经得起推敲。正如芭芭拉·麦克林托克所经历的，科学家们对苛责、侮辱和贬低同行的偏爱在第二次世界大战之后仍然强烈。今天，也未彻底消失。

2010 年 7 月，诺贝尔面对了一个永远无法被授予的项目。希格斯玻色子是我们物理学中最好的理论所假设出的一种粒子，它赋予物体以质量，但至今仍未被发现。一旦该粒子被发现，将会有 5 个人同时有资格获得诺贝尔物理学奖。但是，由于诺贝尔最多只能同时授予 3 人，竞争必然出现。

优先权是主要争论点。英国研究员彼得·希格斯（Peter Higgs）的名字其实只是偶然地与该粒子联系在了一起。1967 年，希格斯曾与美国研究员本杰明·李（Benjamin Lee）为此进行过交流。1972 年，作为在伊利诺斯州巴达维亚（Batavia）召开的美国国家加速器实验室（National Accelerator Laboratory）（现称费米实验室）会议大会报告的起草者，李用希格斯的名字作为了该观点的缩写。于是，该粒子的名字被确定下来。

希格斯玻色子的存在实际上是由 3 个不同的研究小组在几周时间内相继提出的。两位比利时人，罗伯特·布鲁（Robert Brout，2011 年 5 月去世）和弗朗西斯·恩格勒特（François Englert）在 1964 年 8 月首次提出了这个观点。两周后，希格斯在《物理学快报》（*Physics Letters*）上发表了一篇简短的论文。四周后，第三路人马，一个英国和美国的合作团队发表了他们的论文。至此，斯德哥尔摩的所有席位——如果他们能同时获得——都被拿走了。第三批贡献者中的一位研究员在 2009 年发表的一篇论文中表达了自己的失望："我们天真地认为，当时的大多数反对文章对我们的见解或贡献不能构成实质威胁。很明显，我们错了。"

随着时间的流逝，失望情绪也逐渐消退。但是，当一个在巴黎召开的讨论希格斯玻色子搜寻最新结果的会议上只提到了前 3 名科学家名字的时候，怨气重新沸腾。当平静、耐心、理性的面具无法再掩饰这些科学家的情绪时，许多粒子物理学家（大多来自美国）威胁抵制会议或举行抗议活动。

"任何一个亲眼目睹科学进步的人都会将注意力集中在个人的贡献上。"卡尔·萨根（Carl Sagan）曾经写道，"在嫉妒、野心、诽谤、压制异议和荒谬自负的汪洋大海，只有少数圣洁的人出淤泥而不染。在某些领域，尤其是高产的领域，这种现象几乎是常态。"

萨根可能描述的是他的第一任妻子琳·马古利斯（Lynn Margulis）的苦难遭遇。那些能明白马古利斯工作的影响力的人会惊奇地发现，她未获得过诺贝尔奖，这让人大跌眼镜。简单地说，她认为，我们的许多生物学——例如，我们细胞的复杂性——是通过两个或多个生物体共同运作实现共同获益而实现的。今天，我们将这个想法称为内共生（endosymbiosis），在世界各地的大学生物系里广泛被教授。

也许，马古利斯未被提名有着她个人的原因，绝非因为她的想法不够伟大。美国古生物学家尼尔斯·埃尔德里奇（Niles Eldredge）称其为

“现代生物学中最伟大的想法”，科学哲学家丹尼尔·丹尼特（Daniel Dennett）说，“这是我所遇到过的最美丽的想法之一”。理查德·道金斯（Richard Dawkins）说，“这是20世纪进化生物学的伟大成就之一”。智利生物学家弗朗西斯科·瓦雷拉（Francisco Varela）将马古利斯称为，“自20世纪20年代以来遗传学界最聪明、最重要的生物学家之一”。

这些赞美并非轻易得来，事实上，马古利斯在当时与许多如今承认她才华的人进行过真刀真枪的战斗。她是一个教科书般叛逆的人。道金斯说，“她非常固执……她坚信自己的正确，从不听取他人意见”。工程师和发明家丹尼尔·希利斯（Daniel Hillis）对其叛逆的解读更为直接，他说，“对大多数生物学家来说，马古利斯不遵守规矩且得罪了很多人”。

“大多数科学都是在一套严格的规则中工作，在那里，你可以准确地知道自己的同行是谁，并根据一套严格的标准评价事物。”希利斯说，“当你不想改变结构时，这是有效的……当你试图改变结构时，这个系统就不太友好了。马古利斯就是试图改变结构者。”马古利斯是对的，其他所有试图将这个想法付诸实施的人都遵守了规则，于是，都没成功。

1883年，法国植物学家安德烈亚斯·希姆伯（Andreas Schimper）进行了一个有趣的观察。他发现，叶绿体是植物细胞利用阳光获取能量的部分，而它的工作方式与蓝藻完全相同，蓝藻也从阳光中获得能量。希姆伯试探性地提出，可能是因为绿色植物与其他生物体之间的某种合并产生的结果。

在俄罗斯喀山（Kazan）生活和工作的康斯坦丁·梅勒支可夫斯基（Konstantin Mereschkowski）很欣赏这个想法。他在自己的标本馆里探索，那里保存了2 000多个地衣标本。梅勒支可夫斯基的许多地衣是真菌和蓝藻的“共生”组合。在共生中，两个生物体相互受益于另一半的存在。举例，在一些地衣中，细菌获得水和矿物，真菌获得细菌从空气中获取的氮。目前，已知大约20%的真菌生活在这种共生关系中。

1905年，梅勒支可夫斯基提出生物复杂性可能是源于这种共生形式的永久化。如果较简单的生物体已经开始共生，那么，想象它们能融合为一个生命体会困难吗？来自生物学家的回答，确实困难，而且这种困难持续了60多年。由于达尔文进化论思想的根深蒂固，大家对生物的进化形成了一个既定的教条，即它是通过一个物种缓慢进化到另一个物种而发生的。任何认为该过程可能通过两个有机体的结合而发生的人一定是骗子。

正因如此，伊凡·沃林（Ivan Wallin）放弃了他的研究。20世纪20年代，在科罗拉多大学医学院工作的沃林提出，“你身体中的每个细胞产生能量的线粒体实际上都是被奴役的细菌”。他提出这个想法的原因是，从显微镜下看，他分辨不出线粒体和细菌的差异。在他的9篇关于这个问题的论文被轻视之后，他放弃了研究，成为了一名教师和管理员。只有当一个真正的无政府主义者出现时，梅勒支可夫斯基和沃林的思想才找到了他们所需要的领军人。

与史坦利·布鲁希纳的朊病毒一样，马古利斯的伟大创意也基于其他人以前的想法。在她的例证中，梅勒支可夫斯基和沃林的结果提示，我们身体内的生命机制是细菌和其他有机体共生关系的结果。

这一想法对达尔文的继任者而言无法接受，因为它否认了自然界中所有的变异都是由随机的基因突变引起的。根据经典遗传学加上生物学家的自然选择理论（称新达尔文主义），环境因素会导致基因组中出现突变并传递给下一代。一些突变将表现为有用的新特性，使这一代能比其邻居更好地生存。其他突变将导致物种出现问题，从而消亡。

然而，据马古利斯的说法，遗传过程中最重要的变化源自植物和动物细胞对微生物基因的捕获。她说，这才是复杂生命的起源：

> 这一切可能开始于一种蠕动细菌入侵另一种细菌以获取食物的时候。由于某些入侵达成了妥协，于是，你死我活就变成了良性的

关系。当四处游弋的细菌进入宿主的细胞中栖息，这种结合创造了一个新的整体，实际上，这个整体的能力远大于各部分的简单相加——更快的游泳者能导致大量基因进化。其中，一些的新整体在进化战争中是独一无二的。随着细胞的进化，更多的细菌加入了这种关联。

我们现在能从化石记录中得知，马古利斯是正确的。大量证据表明，数百万年来这种事情一直发生着。这也解释了为什么道金斯会说，“内共生已从离经叛道变为了正统”。

然而，这段旅程异常艰辛。这部革命性的原创论文在最终发表之前被拒绝了15次。即使在出版之后，也引来了大量嘲讽，而那些没有嘲笑它的人是因为选择了忽视，甚至认为关注都没有必要。

面对这样的轻蔑，马古利斯决定写一本书以充分解释自己的想法。希利斯说，“这是她最严重的科学犯罪：她回避了期刊的同行评议制度。”他继续说，“许多人认为，她绕开了本该有的规则，选择直接将自己的理论传达给了公众。这让生物学家大吃一惊。如果将你的理论告诉公众是一种罪过，那么，告诉公众的同时坚信自己的正确则造成了双重罪过”。

而这本书在当时也面临了巨大坎坷。学术出版社（Academic Press）原本与马古利斯签订了合同，但当他们的同行评论家对这本书的核心思想嗤之以鼻时，学术出版社拒绝了该书的出版。最终，耶鲁大学出版社（Yale University Press）接受了。当这本书在1970年出版时，马古利斯发现自己为这样的方式付出了代价——突然间，她成了不受欢迎者。

下面是马古利斯在给《科学》（*The Sciences*）的一封信中的描述，也是国家科学基金委（National Science Foundation）对她申请资助关于内共生理论的进一步研究所作出的反应：

（在被正常资助了几年以后）我被国家科学基金委官员告知，

一些“重要”的科学家不喜欢我在一本书中展示的观点，他们将不再资助我的工作。事实上，我被告知，我将永远不能从国家科学基金委的细胞生物学领域申请任何资助。

与梅勒支可夫斯基和沃林不同的是，她没有选择退让。马古利斯将伟大的进化生物学家约翰·梅纳德·史密斯（John Maynard Smith）描述为一名工程师，她说，“他只对自己的二手生物学非常了解。他和他的同伴新达尔文主义者道金斯、埃尔德里奇、理查德·莱旺顿（Richard Lewontin）和斯蒂芬·杰·古尔德（Stephen Jay Gould）编纂了一个难以置信的无知理论”。

马古利斯并未打算收敛自己的锋芒。她只有尽力战斗才能让自己的想法被人接受，如果她是一个羞怯的人就无法通过战斗获得认可。所以，她必须是一个无政府主义叛逆者。

在她这本挑战权威的书的序言中，马古利斯引用了美国遗传学家卡尔·克拉伦斯·林德格伦（Carl Clarence Lindegren）的话。林德格伦说，“科学的发展，依靠通过有效的科学归纳得出观点，以及因为现有理论不愿面对矛盾现象并进行痛苦改变而出现的不可忽视的争论。”马古利斯对此非常赞同，“问题的根本是态度和训练。”她说，“多年来，我试图向同行解释这一理论的核心概念时，我发现首先需要面对的是‘对新观点不明确但却非常有力的抵制情绪’。”

接着，马古利斯以典型的不屈精神指责她的对手在寻找证据时懒惰无为。“既然化石记录给了我们数百万年的数据，”她问道，“为什么你们只研究目前活着的东西呢?”她继续说，“理查德·道金斯、约翰·梅纳德·史密斯、乔治·威廉姆斯（George Williams）、理查德·莱旺顿、尼尔斯·埃尔德里奇（Niles Eldredge）和斯蒂芬·杰·古尔德都是传统的动物学家，这提示我……他们处理的数据过时了30亿年。”她指出，“动物在进化的过程中非常迟缓，它们几乎无法提供证据让我们真正洞察进化创造力的主要来源。”

马古利斯没有什么盟友。2009年，她在一次会失去大多数现有追随者的举动中，将著名的美国国家科学院从泥泞中拽了出来，迫使它对一些旧传统做了一定的改变——尽管极不科学。多亏了马古利斯对这一制度的“蹂躏”，美国国家科学院的成员们无法再无视学术界的批评，而是简单地只通过同行评审以推出研究论文。有些人也许会说，“在美国国家科学院与海洋生物学家唐纳德·威廉姆森（Donald Williamson）的事件中，马古利斯对科学做出了贡献。”

唐纳德·威廉姆森是科学家中的“屹耳”（Eeyore，《小熊维尼》中的一只灰色小毛驴，它悲观、过于冷静、自卑、消沉）。用他的话说，“他来自一个短命的家庭，并一路前行等着自己死后被认可”。他的运气也不好。在他把这些对自己前景的看法告诉琳·马古利斯之后不久，他就在收集标本时滑了一跤。威廉姆森在我写本书的时候已89岁了，不得不坐在轮椅上。他对死后才被承认的看法是否正确，只有时间能证明，但这个时间应该不会短。2009年，威廉姆森的一位科学同行驳斥他的想法是“已被提出的所有想法中最愚蠢的一个”。另一个人建议，“威廉姆森向《美国国家科学院学报》（*Proceedings of the National Academy of Sciences*）投送的论文更适合投至《国家询问报》（*National Enquirer*）。”

然而，在有一方面，威廉姆森是幸运的。如果没人重复他建议的实验去判定他那“惊人的和毫无根据的”想法（另一个批评家提出的）是否正确，科学就不能被推进。马古利斯试图推动威廉姆森文章发表的行为已证实了这点。事实上，很难相信马古利斯不是有意为之。作为美国国家科学院的一员，她能通过快速通道利用同行评审来处理自己喜欢的论文。只要她能找到两个喜欢论文的审稿人，就能保证论文在《美国国家科学院学报》发表。

论文中，威廉姆森发表了关于蝴蝶和毛毛虫的身体有着不同进化路径的观点。他的说法是，“蝴蝶和毛毛虫之间那奥妙而神秘的差异，源于它们在遥远的进化过程中杂交的结果，其他那些幼年期为蠕虫成年期演变为完全不同形态的动物也类似——很久以前，一个雌性动物的卵子意外地被另一物种的精子授精，结果导致了一种具有两个截然不同生命形态的物种的发育。在一个阶段，祖先中一个物种的基因组控制着它们身体的形态；在另一个阶段，在某个触发时刻，其他物种的基因组接替了新工作。”

乍一看，这是个令人信服的想法。以生物学家都熟悉的海星“Luidia sarsi”为例：与大多数海星一样，“Luidia sarsi”在幼虫体内以一颗微小的星星形态开始生命。随着幼虫生长，海星慢慢移动到它的外部。在那里，海星成长为成体，当它们的幼虫伙伴死亡并分解时，“Luidia sarsi”会分裂为两个完整的快乐生物体——海星和幼虫（各自独立的生命体），就像成功分离的联体双胞胎。

对威廉姆森来说，只有当两个基因组共同参与时，这个现象才可能出现。因此，一定有两个真实的彼此没有任何关系的祖先存在。难怪马古利斯喜欢这个想法：这是对达尔文整齐分叉的生命树的冲击。

但多数生物学家对该理论严重不感冒，这也是马古利斯努力地试图为论文寻找两位激进的审稿人的原因。2009 年 8 月，她告诉《科学美国人》，她挑选了“6 或 7 个”意见后才获得了推动论文发表的必要条件。不幸的是（意料之外），《美国国家科学院学报》的主编兰迪·谢克曼（Randy Schekman）看到了这个采访。几天之内，一切都崩溃了。

谢克曼写信问她，“如何看待自己的所作所为？规则规定，你不能有挑选行为，你必须诚实地提供所有的已审稿人的审稿意见。”当时，威廉姆森的文章已经上线（on-line）了（遭到了全球的嘲讽）；现在，谢克曼对是否应将其出版在纸质刊物上犹豫不决。这期间，他还暂停了其他由马古利斯认可的文章。

马古利斯威胁要提起诉讼。她还透露了自己的恶作剧：“三份负面评论其实从未有过，因为审稿人太忙，或者认为该文章超出了他们的专业领域。”然后，她补充说，“自己还向一些业余（但能干的）博物学家征求了意见。我的做法是，征求一些有能力的人的意见，不管他们是否具有博士学位。”

《美国国家科学院学报》之后取消了处理投稿的快速通道。尽管并未对外公告，但该杂志指出，它们肯定会取消这一存在弊端的审稿方式。“马古利斯－威廉姆森事件”对此一定起到了催化作用。但没人能保证，唐纳德·威廉姆森的观点在未来不会被证实为真、为错或为其他。

“琳·马古利斯在内共生方面的认识是正确的。但是，她坚定地认为人类免疫缺陷病毒（HIV）不会导致艾滋病，这一观点却被普遍认为是绝对错误的。”“康奈尔物理学家托马斯·古德（Thomas Gold）对脉冲星的本质是旋转的中子星的推测是正确的，但他对宇宙起源的推测却无可救药。”“剑桥大学的布赖恩·约瑟夫森（Brian Josephson）因其对超导体特性的超强洞察力而获得诺贝尔奖，但他对超感官知觉进行了似是而非的胡思乱想。”人们都认为科学是精英，但科学也是人做的，没人愿放弃那来之不易的王位。

以下是生物学家珍妮·罗恩（Jenny Rohn）的一段典型论述：

> 很早以前，一次，当我在国际研讨会上作完报告后，一个领域的大牛在寂静的礼堂里站起身来，用严厉的讥笑宣布我的理论是绝对的误导。我非常震惊，在现场，我无法做出平日里能从容对答的合理辩驳。当时的我实在太天真，丝毫未意识到，他之所以推翻我的（最终被证实是正确的）观点是因为这对他的工作构成了威胁。

罗恩补充说，“后来，许多同事轮流在领奖台上逛了一圈”。尽管她对这一经历给予了积极的回应，她补充说，“这一切都是从粗糙矿石中提炼真理的过程的一部分”，但毫无疑问的是，人性的缺陷也是科学缺陷的一个部分。

每个领域，都有所谓“有价值的人”主导讨论并形成同行评审结果。正如卡尔·林德格伦（Carl Lindegren）指出的：

> 人们喜欢将科学与人性剥离，因为科学探求真理而非人为定义。因此，科学家会感受到一种自由，因为他们认为自己生活在一个由规矩而不是人为最终仲裁的环境。这种完全的民主实践导致了错误的结果，因为这种方式是通过有多少其他科学家同意某一观点以确定其有效性。在这种体制下，投票的人深受过去获得的训练和灌输的影响，这会使他们倾向于拒绝新事物而沿袭旧观点。

7 捍卫宝座

在西班牙中部的高达拉马拉山脉（Sierra de Guadarrama mountains），罗伯特·乔丹（Robert Jordan）正谋划炸毁一座桥。这座桥的炸毁将有助于共和军解除敌军对马德里（Madrid）的围困，这也许是西班牙内战中最可怕的一幕。多年来，民族主义者已经把共和党控制的城市切断了。他们从空中进行轰炸，对成千上万的男人、女人和孩子造成严重伤亡。幸存者缺乏庇护所和食物，他们非常沮丧，正在考虑投降。

时局是紧迫的，但乔丹却举棋不定。为了完成这项工作，他可能不得不杀死一个英雄：曾经伟大的抵抗斗士巴勃罗（Pablo），目前他已丧失了斗志，从帮手变成了战争的阻碍。不仅如此，乔丹还知道，自己几乎没可能完成任务后活着出来。炸毁桥梁会引发双方交火，他有大概率死于乱战。

他该为此牺牲吗？有很多理由可以支撑他放弃。在荒芜的岁月，他刚找到了真爱；这不是他的战斗：他只是一个外行，一个前来支持反法西斯斗争的美国人；在这个离家千里之外的巨大的血腥混乱的异国旋涡中，他的谢幕不过是个微小的涟漪；这真值得失去你的舒适、你的希望和梦想吗？这些都是欧内斯特·海明威（Ernest Hemingway）在其感人的悲剧《丧钟为谁而鸣》（*For Whom the Bell Tolls*）中描写的桥段以及所提出的问题。同样，这也是科学维新者面临的问题。为了新发现值得付出什么？

科学是没有流血的内战，有围攻，还有等待被爆破的桥梁。有些人必须被移除：为了事业的整体利益，曾经的英雄但现却自满和无能的人必须被驱逐。在这个过程中，如同巴勃罗，一些拥有武器和弹药的老顽固仍将战斗到底，许多革命者为了西班牙的未来而牺牲了自己的生命。与此相对的，许多科学战争中的革命者也清楚地知道，自己会在追求发现的路上失去一切。

以钱德拉塞卡·苏布拉马尼扬（Chandrasekhar Subrahmanyan）为例。他像罗伯特·乔丹一样，横越大陆参加战斗。同时，和乔丹一样，他将大部分精力花在了对付一个麻烦缠身、好战且强大的对手上。在钱德拉塞卡的事例中，他面临的对手是天文学家亚瑟·爱丁顿（Arthur Eddington）。

爱丁顿通常被认为是英国最伟大的天文学家之一。我们已看到了他如何通过确认广义相对论的预测来帮助爱因斯坦正名——使用一些相当叛逆的手段。然而，在1935年，他的叛逆状态达到了顶峰。当时，爱丁顿是剑桥的普里安天文学教授。由于对天文学的杰出贡献，他获得了许多著名的奖项：皇家学会皇家勋章，皇家天文学会金质奖章和太平洋天文学协会的布鲁斯奖章。每个人都知道他是杰出的天文学家，是无与伦比的明星。然而，对钱德拉塞卡来说，爱丁顿有一个误区。

钱德拉塞卡于1930年从印度来到英国。他有惊人的创新科学洞察力，在乘船横渡阿拉伯海时，他突然闪现出了灵感。钱德拉塞卡坐在一张躺椅上，用了不到10分钟的时间就完成了计算，计算结果证实了他的怀疑——最重的那些恒星在它们生命的最后阶段会出现自我坍塌从而出现无穷大的密度。它们会在空间和时间的结构中产生裂痕，我们现在将其称为黑洞。这项发现为钱德拉塞卡赢得了诺贝尔奖——但直到1983年才获得。亚瑟·爱丁顿在1944年就去世了，但他对钱德拉塞卡工作的公开批评仍有着持久的影响力。

在海明威的笔下，西班牙冬天的天空分布着“坚硬而锋利的星星”。在我们看来，星星看起来确实很锋利，它们刺破了天空的阴暗。我们很难想象天体物理学家看这些恒星时的想法：巨大的气体星球，主要成分为氢气，已燃烧了数十亿年。

更难理解的是，恒星巨大能量输出的最终来源竟然是重力而非其他。一旦重力将足够多的氢分子聚集在一个地方，原子相互靠近只会继续增加重力。在一个半径为几十万公里大小的氢原子星球里，中心的原子会受到数千万亿吨的压力。结果是，这些原子熔合在一起，并释放出巨量能量。

核聚变是一个惊人的现象：是形式最纯净的炼金术。在氢原子的核心（或称原子核中），质子带有单独的正电荷。如果迫使两个氢原子在一起，它们带正电的质子一定会互相排斥。必须有用足够的压力来克服这种斥力，其中一个质子会转化成中子，它和质子结合形成一个叫“氘”的氢同位素。它继续与另一中子结合产生“氚”，当两个氚同位素结合时，它们融合形成氦核。持续反应，就会以类似的方式继续形成其他较重的元素。

每次核聚变都会释放能量且相当巨大。一旦被点燃，围绕恒星核心的燃烧气体将达到几百万度的高温。恒星一般能维持数十亿年的能量输出，但它不可能永远持续下去。当恒星燃烧时，能量的释放会产生一个向外的压力宣泄，它会抵抗重力的效应以使恒星维持现有的形状。当所有的燃料消耗殆尽，重力将再次夺回控制权，恒星坍塌。死亡恒星中的所有原子都被拉向中心，它们越是相互靠近，引力就越强大。当恒星具有足够大的质量（大约为太阳质量的两倍）时，不断增加的引力将持续下去，最终致使恒星消失殆尽。这是钱德拉塞卡惊人的发现：恒星将从宇宙中消失，剩下的神秘结构就是我们所说的黑洞。

“黑洞”这个名词已成为科普和科幻小说中的常用名词。虽然我们不能直接看到它们——因为没有任何东西能逃脱它的引力，甚至光——NASA 的望远镜已能通过用粒子螺旋向奇点（黑洞的中心）发射 X 射线记录它们的贪婪性质。为完成该实验所需制备的最重要的仪器是钱德拉 X 射线太空望远镜，一架为向钱德拉塞卡致敬的太空望远镜，1999 年（他去世后 4 年）通过哥伦比亚航天飞机而发射。

根据他的妻子拉利萨（Lalitha）的说法，钱德拉塞卡并不会在意这个荣誉。在《星空帝国》（*Empire of the Stars*）一书中，阿瑟·米勒（Arthur Miller）讲述了钱德拉塞卡苦乐参半的一生。在该书最后，他回忆了自己在钱德拉塞卡去世后看望拉利萨的情景，并问她美国宇航局所给的荣誉对她丈夫意味着什么。“他早就对此无所谓了，”她漫不经心地回答，“那又如何？”钱德拉塞卡花了几十年的时间想进入该机构，始终未得偿所愿，现在给这个荣誉有意义吗？

钱德拉塞卡关于死亡恒星从宇宙中消失这一伟大发现的揭幕仪式于1935年1月11日在皇家天文学会的一次会议上拉开。在会议开始的几周前，爱丁顿曾在剑桥的房间里拜访了钱德拉塞卡，询问了关于那些巨大恒星的命运，以及钱德拉塞卡是如何得出他的结论的，并详尽地询问了他在会议上将如何展示自己的发现。钱德拉塞卡认为自己的报告非常重要。在1月10日，学会秘书将钱德拉塞卡带到一边，透露了爱丁顿在钱德拉塞卡发言后会接着演讲。爱丁顿的演讲是“相对论性退化”，这与钱德拉塞卡的理论相关。在爱丁顿之前与自己交流时，钱德拉塞卡就曾经怀疑对方的动机不纯。现在的事件彻底证明了他的怀疑是有根据的：用米勒的话说，爱丁顿的访问出于“两面性”。爱丁顿在钱德拉塞卡结束报告后，直接站起告诉学会，“刚刚展示的论文是个彻头彻尾的错误”。

钱德拉塞卡坐在那里，吃惊地看着爱丁顿将他的工作批驳得体无完肤。爱丁顿不质疑数学的计算，他也懒得尝试：他只是嘲笑了恒星消失这个想法的基础。他对钱德拉塞卡论文的批评还包括了对花费金钱的嘲讽。爱丁顿将这项工作斥之为“星星小丑”。他告诉学会，“我认为，应该存在一条自然法则以阻止一个恒星以这样荒谬的方式行事。”钱德拉塞卡感到了羞辱，他后来回忆，听众在爱丁顿的发言过程中多次爆发出了笑声。他说，“爱丁顿让我看起来像个傻瓜。”会议结束时，钱德拉塞卡的同事们对其表示了同情。他回忆说，“其他天文学家确信我的工作是错误的，因为爱丁顿坚持这样说。”

当年晚些时候，在巴黎举行的一次会议上，这种羞辱再次重演。钱德拉塞卡说，“爱丁顿做了一个小时的演讲以全面批评我的工作，将我变成了笑话。”他对主持会议的美国天文学家亨利·诺利斯·罗素（Henry Norris Russell）说，“希望有机会对这些质疑进行回答。”罗素回答，“我建议你不要去争辩。”这看起来有些懦弱，但罗素所做的只是忠于自己的导师。

1977 年 10 月，历史学家斯班瑟·沃特（Spencer Weart）对钱德拉塞卡进行了深入采访。他们讨论了天文学的历史和钱德拉塞卡的想法。其中，最有趣的是钱德拉塞卡对爱丁顿的评价，以及爱丁顿的地位。“哦，他在天文学领域始终占据主导地位，”钱德拉塞卡告诉沃特，“我认为，多数人都坚信爱丁顿永不出错。”钱德拉塞卡的磨难使爱丁顿的名声受到了小小的打击：小部分人认为，在这个事件中，爱丁顿出现了错误。在皇家天文学会发言之后的几个星期，钱德拉塞卡的同事们私下安慰他，表达了他们对黑洞思想的认可，但这都是秘密进行的。“当然，这些支持我的人从未公开露面，”钱德拉塞卡说，“都是私底下的。”

以上的经历产生了持久的影响：在收到诺贝尔奖通知的 6 年前，钱德拉塞卡对沃特承认自己的期望降低了。他说，“科学家们总是通过自己的工作被人铭记——一些人会有新的发现，一些人则会扮演更谦虚的角色，收集整理能对他人有用的信息和材料。”“我选择了后者，”钱德拉塞卡继续说道，“我认为，这源于我在剑桥第一次惊心动魄的经历。”

爱丁顿恶意否认钱德拉塞卡工作背后的原因是什么？毫无疑问，黑洞理论对爱丁顿来说是严重的威胁：钱德拉塞卡对白矮星命运的计算破坏了爱丁顿正努力创造的“从原子到恒星能描述一切的”大一统理论。不过，这似乎不足以激起爱丁顿对钱德拉塞卡进行的如此强烈的无情攻击。

米勒暗示，爱丁顿的行为可能有同性因素参与：“有流言说，爱丁顿是同性恋，这在当时的社会被认定为心理疾患，如得到证实会遭到社会的排斥甚至可能遭到起诉。”米勒说，“如果他当时已面对了巨大的情感压力，也许，钱德拉塞卡对爱丁顿那个大一统理论尝试的增加破坏将令他超出自己所能承受的极限。”

事实上，爱丁顿对钱德拉塞卡的工作产生敌意的真正原因可能平淡无奇。爱丁顿操持建立了英国天文学，钱德拉塞卡只是一个从殖民地来的小子，就像一个简单的内行人和外行人的例子：种族主义导致一个有特权的英国人阻止黑皮肤的印度人进入俱乐部。钱德拉塞卡很可能因此而成为牺牲品。当钱德拉塞卡从马德拉斯来到英国时，大英帝国仍然是世界上的主要力量。因为他黝黑的皮肤和独特的英语，在剑桥，没人会将他真正视为“他们中的一员”。他在剑桥遇到了公开的种族主义，没有任何一所英国大学能给他提供永久职位，尽管很多这样的职位是公开招聘的。

面对黯淡的前景，钱德拉塞卡做出了一个艰难的决定——他没有奋起抗争，而是选择了逃避。爱丁顿和其他英国天体物理学家成功地把他赶出了他们的领地。他去美国找工作，在另一个天文学领域里，成了米勒所说的“不情愿的天体物理学家”，理论物理学的大道被爱丁顿关闭了。正如他对拉利萨所说，“因为爱丁顿，我变成了从一个领域改变到另一个领域的科学家。在争论之后，我不得不改变自己的立场。”

近半个世纪后，诺贝尔奖颁奖典礼姗姗来迟。“是时候了，”拉利萨宣称，“但钱德拉塞卡对这一奖项很矛盾，并谢绝了一个相关晚宴的邀请。”

对大多数人来说，外层宇宙的活动很难激起人们的浓厚兴趣。如果让我们描述地球大气层之外的东西，我们会很容易地想到平静的空虚、黑暗和寂静。难怪科学家们在几个世纪内忽略了这片与地球直接相连的环境。在人造卫星和太空竞赛之前的日子里，它被认为是沉闷而空虚的。确实，流星会在天空中闪耀，壮观的北极光会不时地照亮北极的天空。但除此以外，几乎没有别的东西能激起科学家们的兴奋。于是，瑞典物理学家汉尼斯·阿尔文（Hannes Alfvén）登场了。

阿尔文过着平静祥和的家庭生活。他的妻子柯尔斯顿（Kirsten）与他共同度过了67年的幸福婚姻后去世，他们共同抚养了5个孩子。阿尔文喜欢研究东方哲学，在生命的最后阶段，他在海滩上等待夕阳，看着太阳消失在地平线下因光线折射而出现的绿色闪光。

也许，正是这种安静的家庭生活为阿尔文成为职业生涯中的革命者提供了基础。在入侵了自己没有正式学历的研究领域后，他不断开拓新领域。他总是直截了当地驳斥专家们的观点，不接受“公认的智慧”。他从不等待自己被证实，就开始在其他领域的新的肆虐。几乎无人承认他的贡献，即使是使用他的成果的物理学家也不知道该理论来自何方。这主要源于在他做出卓越贡献的领域里，阿尔文只是个外人。于是，他被剥夺了取得卓越成就应带来的特权地位。阿尔文的诺贝尔奖是表彰他在20世纪30年代曾进行过的工作，但直到1970年才被授予。这正好发生在悉尼·查普曼（Sydney Chapman）死后几个月内，这似乎不是巧合。

在宣布阿尔文将被授予诺贝尔奖之后不久，物理学家艾利克斯·德斯勒（Alex Dessler）在《科学》杂志上发表了一篇报道。德斯勒说，“在阿尔文的职业生涯中，他的想法经常被忽视或被轻视；他经常被迫在不入流的期刊上发表论文；他一直受到太空物理学领域最著名的资深科学家的质疑，那位著名的资深科学家就是悉尼·查普曼。”如果太空物理学的故事被制作成超级英雄的漫画，查普曼将被描绘成阿尔文的复仇女神。查普曼是英国数学家，他将自己的专长运用到太空物理学，就像爱丁顿一样，他是该机构的关键人物。现实中，他利用自己的地位对阿尔文进行长期的压制。

查普曼是皇家学会会员、美国国家科学院成员、阿拉斯加地球物理研究所的科学顾问，也是牛津女王学院、剑桥三一学院和伦敦帝国学院的名誉研究员。《伦敦时报》（*London Times*）讣告的作者指出：“查普曼对科学界的巨大影响无法估量。”并补充道：“查普曼对人温和的态度掩盖了其坚强的意志和坚定的决心。”这里并未提到他对汉尼斯·阿尔文的所作所为。科学是个公平的游戏场，每个想法都有其自身的价值，无论其来源如何。科学想法的地位以及被接受与否只应受实验的考验，而不应由阿尔文的履历决定。

在声明中，德斯勒表达了对阿尔文的忏悔：“自己曾是查普曼的一个没有思想的门徒。当自己被苏布拉马尼扬·钱德拉塞卡说服时，才开始‘惭愧’地客观看待阿尔文的工作。”那一刻，德斯勒被深深地震撼了。他写道，“当我发现阿尔文的观点完全正确而他的批评者却完全错误时，我的震惊无以言表。”但他发现，阿尔文的工作已经彻底被查普曼“淹没”了。“为什么会这样？难道，我们不再坚信科学的客观性了吗？”

那些熟知内情的人从未坚信过所谓的客观性。伟大的德国物理学家马克思·普朗克曾指出：“一个新的科学真理从不会说服对手并让他们看到光明，因为对手的最终结局必然死亡。”如果“阿尔文的诺贝尔奖只有在查普曼死后才能获得”这件事还不具备足够的说服力，我们再看看另一个例子。

在1917年6月15日，挪威物理学家克里斯蒂安·伯克兰德(Kristian Birkeland)被发现死在东京的一个酒店房间里。他吞下了20倍剂量的处方安眠药——巴比妥酸盐。由于该药对病人的副作用被发现，许多医生已停止了给患者开该药。这或许是自杀事件，但似乎更可能是长期使用该药引起的精神病发作的结果。不管真相是什么，这是一个已被加冕“空间之王”（King of Space）的人的职业生涯悲伤和可耻的句号。

通过一系列的实验室实验、极地探险和数学计算，伯克兰德推断出北极光是地球磁场和星球电子束相互作用的结果。他写道：“我们的观点似乎会自然地产生一个推论，即认为整个宇宙充满了电子和各样的电离子。”他在1913年写道，“因此，可以合理地认为，不仅是太阳系或者星云，整个宇宙的所谓‘空间’里其实并不空。”

伯克兰德推测，这些电子和飞行的电离子一定来自太阳，但他的理论必须通过太空中的测量才能检验。当时，飞机被发明出来仅 10 年，不可能满足进行实验验证的需求，直到 1963 年伯克兰德才被证明是正确的。这在一定程度上是因为，在这段时间中，悉尼·查普曼夺取了太空物理学的优势地位。伯克兰德的探险确定了极光是由电子沿着地球磁场磁线在大气中流动而产生的。不过，查普曼还有其他的想法。他发明了一种理论，他认为电子的移动仅发生在电离层——地球大气层的外层之一。

在查普曼的理论中，电子通过大气层向下运动，所以这解释了为什么地球表面的极光可见。而且，他的数学模型构建得非常精美，任何具有基本数学技能的人都能进行再现。这是他魅力的根源：他对空间物理学的研究方法是将其简化到利用可解方程就能直观呈现。正因为如此，当汉尼斯·阿尔文为伯克兰德关于电子从电离层向下游走到地球表面的概念提供复杂而严格的数学支持时，遭到了拒绝。美国著名的空间物理杂志《地磁与大气电》（*Terrestrial Magnetism and Atmospheric Electricity*）的编辑们坦率地解释了拒绝的原因。他们说，阿尔文的计算与查普曼的算法不同，所以，这些结果不可能为真。他们从未想过查普曼出错的问题。或者说，即便查普曼是错的，他们也不打算承认。

查普曼影响的深远令人震惊。阿尔文曾说，“我在苏联天体物理学期刊上发表文章没有什么困难，但我的工作对美国天体物理学期刊来说则是不可接受的。”最后，他设法成功地在名为《瑞典皇家科学院的行动》（*Kungliga Svenska Vetenskapsakademiens Handlingar*）的瑞典语期刊上发表了一篇文章，这篇文章是我们理解自己脑袋上正发生什么的现代观点的基础。你，或大多数物理学家都不可能听说过这件事。然而，它包含了一份研究结果，提示了如果愤怒的太阳向地球进行喷发，地球上可能会出现哪些问题。

2009 年 1 月，美国国家科学院发布了一份关于太阳可能带来危险的研究报告。确切地说，这份报告是由“严重空间天气事件社会和经济影响委员会”发布的。这不仅是少数人关心的问题：这项研究是由美国大学里一些高级人物进行的，由美国国家航空航天局进行资助。委员会得出结论，“在未来几年内，美国可能会被太阳活动弄得一塌糊涂。如果太阳发射出的物质瞄得够准，它可能会引起一场强大的磁暴从而使半个大陆失去电能。”

在我们的现代技术社会中，电能至关重要。当粒子在猛烈的“日冕物质抛射”中被太阳吐出时，会与地球磁场相互作用，结果可能是极其混乱的。这种相互作用能引起巨大的电流，能在电力传输网络中熔化变压器中的电线，导致需要一年甚至更长时间才能修复的故障。熟悉电网运行情况及其故障导致的可能影响的委员会成员警告说，“这种长期失效的后果非比寻常。饮用水、燃料、供暖、超市货架上的食物和重要药物都依赖于电力的供应。”报告估计，在出现问题的首年，生命伤亡和经济产出的损失将高达20 000亿美元。为了便于大家对比理解，卡特丽娜飓风在2005年的财政影响大约为1 000亿美元。研究人员得出结论，美国能否从这样的打击中恢复过来很难确定。

人们对这一警告几乎无动于衷。也许，这是可以理解的。尽管我们可以采取措施——所有技术先进的国家（不仅是美国）都面临着风险——但这场灭绝性灾难发生的概率低到了可以被我们忽视的地步。然而，回顾这一领域的研究历史，很难断定地磁风暴的影响会导致怎样的结果。这也是长期以来从事这一领域工作的物理学家们备受冷落的原因。

国家科学院这一关于可能发生的太空灾难的报告来源于阿尔文那篇晦涩难懂却具有开创性的论文。今天，我们知道阿尔文所说的带电粒子流是等离子体。太阳本身就由等离子体组成，对等离子体物理学的理解是认识太阳及其与地球大气层相互作用的基础。在科学领域，非正式称谓的“空间天气”（Space Weather）现在已关乎到我们的切身利益。数以千计的人造卫星在地球大气层以外的轨道上运行并执行着与我们现代生活密不可分的各种任务（电视广播、导航、军事侦察、通信、气象和气候预测），但它们在空间天气面前显得极其脆弱：一次大强度等离子爆发就能将卫星里的电子设备炸毁。

阿尔文带给我们的影响不仅在于空间天气领域。阿尔文在其他领域也做出了杰出贡献。2010 年，奥巴马总统给美国航空航天局设定了一个新目标：去探测一个小行星的结构，因为这其中可能蕴涵了太阳系的历史。由于这个计划出自总统之口，瞬间成为了新奇且令人兴奋的想法。但回到 1970 年 12 月 11 日，阿尔文的诺贝尔奖获奖感言就提出过同样的建议。

汉尼斯·阿尔文曾被称为异教徒、分歧者、反传统者和一个谜团，他也是一个英勇的抵抗战士。阿尔文因击败悉尼·查普曼建立了许多物理学分支，如同小说里乔丹杀死了巴勃罗并炸毁了桥梁。此后，他仍然坚持战斗：他为争取核裁军献出了晚年的大部分精力，并想尽一切办法反对瑞典政府获得核武器。

你看，反传统的精神不一定是坏事。西班牙内战在很大程度上是一个暴行、压迫和屠杀的故事，但在黑暗中的某些时刻也有光明闪现。事实上，有一个这样的光明至今仍然闪耀：巴塞罗那俱乐部（FC Barcelona）的反传统精神。

在西班牙内战爆发时，巴塞罗那的市民控制了城市的铁路。无政府状态来了：并不是失序和混乱的那种无政府状态，而是去除统治阶级导致的无政府状态。工会接管铁路并解聘了董事，董事曾拿着 18 倍于平均铁路职工的收入。随着董事被赶走，最低收入者的工资上涨了 50%。更重要的是，工会能从根本上提高系统效率。票价降低，某些成员——学龄儿童、残疾人、伤残士兵和那些遭受工伤的人——可以获得免费旅行的权利。铁路上的改革很快推广到了港口、公用事业公司、服装行业，甚至理发业。加泰罗尼亚（Catalonia）成为了无政府主义的地方，今天，在很多方面，它仍然是。

加泰罗尼亚的无政府状态在其骄傲和娱乐方面体现得尤为明显。巴塞罗那足球队是世界上最优秀的足球队之一，由伟大球队支持者拥有和运营。它的球衣上带有联合国儿童基金会（UNICEF）的标志，球队甚至还为此付款。每年，俱乐部会将0.7%的收入捐献给联合国儿童基金会。这不是一个随便定出的数字，这是联合国希望看到的富裕国家捐出的国内生产总值的比例。科学的无政府状态可以有助于推动世界的进步，即使被资本主义和官僚机构所厌恶。下面，我们和斯坦福·沃弗辛斯基（Stanford Ovshinsky），被誉为美国自托马斯·爱迪生（Thomas Edison）以来最伟大的发明家，一起聊聊这个话题。

1968年11月，沃弗辛斯基的一个被称为阈值开关（threshold switch）的发明登上了《纽约时报》（*New York Times*）的头版。《纽约时报》说，“它会导致小型且通用的台式电脑普及至家庭、学校和办公室；扁平无内胆的能像图片那样挂在墙上的电视机即将出现。”但没人给他投资，为什么？因为沃弗辛斯基不是一个真正的科学家——他甚至没有获得本科学位，美国科学界没人相信这个外行人。

沃弗辛斯基的父母是来自东欧的移民，他们将儿子养在俄亥俄一个闭塞的地方，家里人靠在街上捡垃圾为生。高中毕业后，年轻的斯坦福·沃弗辛斯基成了当地工厂的实习生。但是，他并未放弃对自己的学业：每个周末他都会从阿克伦城公共图书馆抱一摞子书回家翻阅。上班时，他想提高工厂机器的效率，于是，他建立了一个模型并声称这个新机器的效率更高。大家都在嘲笑他，直至他打开机器展示出了新机器的强大。

不久，他成立了自己的机床公司，将产品销往新不列颠岛机械公司（New Britain Machine Company）。几年后，沃弗辛斯基的机床拯救了在韩国美军的生命。当时，军队已打光了所有的炮弹，只有运用沃弗辛斯基的高效率机床才能满足战争需求从而将朝鲜军队挡住。而此时，沃弗辛斯基已开始了新的前行。

当时，电子科学研究的所有焦点都集中在诸如硅等半导体材料的刚性、晶体性质上。半导体是晶体管的基础，其结构主要是晶体：它们的原子具有严格的如军队般的精度。金属结构的有序性使它们能成为热能和电能的有效导体。电子可以轻易通过金属结构中规则的、结晶的原子晶格进行移动；它们不会不断地撞击某些意外出现的原子。半导体革命的腾飞源于贝尔实验室的研究人员学会了如何生产出足够大的“半金属”锗晶体，这些晶体里的电子阻碍能力足以使晶体飞快地在导电和绝缘间进行切换。20 世纪 60 年代，硅技术以及特定的晶体管，使美国转型成电子设备的超级大国。沃弗辛斯基觉得这个发展过程很有意思，然后，依据自己的兴趣开始了新的探索。

也许是因为他经常看到父亲将捡拾的刚性废金属融化为液体，也许是他有着在工厂里加工金属棒（切割金属晶体结构）的经历，也许因为他的车床经常将金属刀片变钝。不管出于什么原因，沃弗辛斯基没有向科学机构致敬，他怀疑无序、散乱的材料或许会被证明存在其他价值。

让沃弗辛斯基感兴趣的材料被称作“无定形（amorphous）”：没有特定的形状或结构。你家窗上的玻璃就是无定形的，二氧化硅分子让阳光自由地进入屋子。如果去电子显微镜下观察它们，你会看到一堆乱七八糟的分子，除了确定的由硅和氧原子组成的四面体结构外没有任何秩序。沃弗辛斯基认为非晶材料或许更有用的想法源自他的新兴趣。大量的阅读使他对大脑的魅力产生了浓厚的兴趣。如果凌乱而无序的脑细胞能构成我们颅骨内强大的“有机计算机”，他推断，也许无定形材料也能作为电子元件为那些硅产业研究人员提供新的选择。

沃弗辛斯基知道，晶体管的工作原理是控制晶体的导电性。如果你能提供一种电场的能量，你就能对晶体的导电性进行开关。也许，他想，能量——光、电或热——都能在非定形固体上起到类似作用。也许，它能使原子排列得更有用，并让固体获得一些有趣的性质。早年与车床打交道的经验告诉沃弗辛斯基，疯狂的想法必须付诸实践：他们需要一个原型。所以，他试图建立无定形版本的晶体管。

最终，它被实现了。沃弗辛斯基的阈值开关是夹在两个金属导体之间的非晶材料薄膜。当给这些导体施加足够大的电压时，无定形材料将被变成晶体，它从绝缘体变成了导体。当电压降低时，导体变回绝缘体。

如果这还不够颠覆性，沃弗辛斯基另外还创造了一种材料，其导电和绝缘状态之间的切换无需持续的电力。你用电刺激该材料后，它会在任何条件下保持现有状态，直到你使用另一个电压刺激它。该技术造就了一种非易失性存储器，如同你用于存储和传输数据的U盘一样。沃弗辛斯基的这个发明以及相关专利如今已被芯片制造商英特尔注册。不过，在20世纪60的年代的美国，没人关心并相信沃弗辛斯基的说法。得到能在导电和绝缘状态之间切换的非晶态材料的想法被认为不具可行性，所以没有人相信，直到他做出产品。

1970年，《科学与力学》杂志的一篇文章体现了当时科学机构对此的反应。他们将其称为“沃弗辛斯基的发明”，评述了沃弗辛斯基的关于给一种特殊类型的玻璃施加电压它就能导电的说法。如果这个说法为真，将威胁到新建立的硅晶体管的主导地位。文章的副标题清楚地标注了当时社会的心情——“这是比晶体管伟大的东西，还是自学成才的工程师欺诈大公司的筹码?”

正是这种敌意和怀疑将沃弗辛斯基逼得出走日本，他已濒临破产。他早期的发明被授权给佳能、索尼、夏普和松下电器——这些公司成为了日本电子业的超级中坚。由于日本人的投资，沃弗辛斯基的发明成为了当今影视技术的关键。电视和电脑显示器里的LCD屏真正实现了像画那样挂上墙，二者就是基于他的非晶硅技术。你曾经熟悉的可读写CD或DVD，也是基于沃弗辛斯基在1970年获得的关键专利。

后来，他发明了同样基于非晶材料的镍金属氢化物电池，使得日本制造商最终占据了电池市场的巨大份额——镍氢电池现在每年的销量高达数十亿。沃弗辛斯基利用廉价的非晶硅的形式制作太阳能电池板的想法在日本也广受欢迎——特别是夏普公司，该公司今天成集装箱地售卖太阳能计算器。

沃弗辛斯基被称为“日本的美国天才”。尽管他在这里有了公司，但他从未成为富翁。也许这就是为什么《福布斯杂志》称他为“可以创造除了利润以外的任何东西的发明家”，这是个公平的描述。例如2008年，英特尔和意法半导体（STMicroelectronics）携手创建了一个名为恒忆（Numonyx）的新公司。两年后，恒忆以13亿美元被售出。是什么使它如此值钱？这家公司为摄像机、手机、MP3播放器制作硬盘和闪存单元。这项被广泛认可的闪存继任者的新技术被称为“双向统一记忆（ovonic unified memory）”，它的工作基础是非晶硅。“双向（ovonic）”这个词是由沃弗辛斯基电子学（Ovshinsky Electronics）缩写而来。作为一个被科研机构拒绝的未经训练的外行人，斯坦福·沃弗辛斯基在上亿美元的产业上标注了自己的名字，但他从未大赚利润。

沃弗辛斯基现在已是一名垂垂老者。在难得的几次采访中他带着一头炫目的白发，有时被描述为自带光环。另一个被经常提到的事实是，沃弗辛斯基在商业世界里的想法和其他人截然不同。当他和妻子伊丽丝（Iris）在1960年建立能量转换装置时，他们的目标是使用“创造性的科学来解决社会问题”。近50年来，他们一直这样践行，开发廉价且易于生产的太阳能电池、为氢动力创新（从水中获得氢源用于驱动汽车），目标是试图使世界变得更美好，赚钱从来不是他们首先关心的问题。2000年，政策研究所对高管薪酬进行了分析，发现CEO们的平均工资一般为普通员工的500倍。形成对比的是，沃弗辛斯基的工资仅是他公司里车间员工工资的5倍，他还是公司的工会成员。

获得1977年诺贝尔物理学奖的内维尔·莫特（Nevill Mott）也具有这种反传统状态的性格特征。他因发现了某些晶体的电子性质而获得该奖项，但莫特认为自己不该接受最早提出该想法的殊荣：该想法最早来自斯坦福·沃弗辛斯基。莫特告诉一位朋友：“我的许多好主意都来自斯坦福。”莫特并不是沃弗辛斯基慷慨大方的唯一受益者。斯坦福大学的亚瑟·比嫩斯托克（Arthur Bienenostock）说：“我们这个领域所有人都有过类似经历。”沃弗辛斯基对被诺贝尔奖拒之门外并无怨恨，相反，他给莫特寄去了他所见过的最大的香槟。“为此，我得举办一个 50 人的聚会。”莫特对《新科学家》（*New Scientist*）的记者说道。这是典型的沃弗辛斯基式的慷慨，无所顾忌。

并不是每人都对它赞赏有加。2007 年夏，能源转换设备（Energy Conversion Devices，ECD）公司的董事会及其投资者决定，他们已受够了微薄的利润，并将沃弗辛斯基踢出董事会。这个策略效果显著：公司股票突然跳水至底。一年后，该公司——能自由利用沃弗辛斯基的想法——报告首次出现盈利。令人吃惊的是，沃弗辛斯基从不抱怨。他只是在密歇根自己家的附近建立了一个新的工作场所。他在无定形研究所（Institute for Amorphous Studies）的办公室与其在 ECD 的办公室几乎一模一样。房间的焦点是绘有元素周期表的巨大壁纸，是他在 ECD 工作时获得伟大发现灵感的那幅画的拷贝。“我知道我想要什么，我知道我要做什么，元素周期表就像一个工程图。”沃弗辛斯基曾经这样说过。

只要沃弗辛斯基还有思考的能力，他对科学的创造性使用就会延续，但他永远不会成为科学界的内行。不仅因为他缺乏正式的科学训练，沃弗辛斯基一直为此饱受诟病；还因为他像汉尼斯·阿尔文一样拒绝坚持在一个领域进行科学探索。他发表过神经科学、宇宙学、物理学、化学、材料科学、计算机科学和精神病学等方面的论文。对沃弗辛斯基来说，将科学分离为不同学科的想法是反自然且不利的。

阿尔文曾解释了为什么他对科学的认识会与众不同。“科学家们倾向于抵制跨学科探索。”他说，“在许多情况下，这种狭隘性的基础是害怕来自其他学科的入侵会不公平地竞争有限的财政资源，从而减少自己获得资助的机会。”

对科学来说，令人遗憾的是，这种对外来者的抵抗——围攻心态——通常会取得成功。在《新约·马太福音》中，耶稣讲述了天堂的经济：“凡有的，还要加给他叫他多余；没有的，连他所有的也要夺过来。”

这个说法让人烦恼，因为它违背了我们对公平最深切的看法。更令人舒服的说法是，卡尔·马克思（Karl Marx）的重新分配理论——按劳分配，按需分配。然而，社会学家罗伯特·默顿（Robert Merton）在1966年指出，尽管科学在表面上遵循马克思的理论，实际上它是按耶稣的方式进行的。你在科学界的名望越高，你的论文越有可能得到快速认可。一旦你在科学上达到了顶峰，即便你只是踩那些试图攀上高耸塔尖的人的手指，也很难摔倒。默顿咬牙切齿地将这种抗拒局外人的现象称为“马太效应”（Matthew effect）。

J. B. S. 霍尔丹在他的领域里也注意到了这点。20世纪50年代末，他在加尔各答的印度统计学院当教授，他的学生S. K. 罗伊（S. K. Roy）在提高水稻品种的质量方面进行了艰巨且缓慢的探索。霍尔丹知道，当他和罗伊一起发表论文时会发生什么。“我会竭尽全力凸显罗伊的工作。”他写道：“他没有博士学位，甚至不是一类硕士生。因此，只要不是研究结果非常不好，我都会坚持对他的支持。”据霍尔丹的说法，“罗伊在这个项目中作出了95%的贡献，自己和印度统计机构作出了另外5%的贡献”。他说，“我的作用就是让他尝试那些计划得不够周全的实验，我要让他明白，我并非无所不能。”

对于一位资深科学家来说，这可能显得格外慷慨，但当时的霍尔丹是一位马克思主义者，他一直是英国共产党的一名党员。不过，这并不意味着必须拥护马克思主义才能成为一名慷慨的科学家。早期的例子有数学家艾萨克·巴罗（Isaac Barrow）。1669年，巴罗放弃了剑桥数学系卢卡斯教授的席位，只为给他的学生艾萨克·牛顿让路。有趣的是，苏布拉马尼扬·钱德拉塞卡一直梦想成为卢卡斯教授，可悲的是，亚瑟·爱丁顿为保护自己的地位所做的小动作让钱德拉塞卡的梦想成为不可能。也许，我们不应感到意外，因为虔诚的贵格派教徒爱丁顿遵循的是耶稣的哲学。

科学是与将死知识的斗争，而不是平等对手之间的斗争。在这样一个角斗场里，挑战者不仅要战胜以前的冠军，还要战胜冠军的信众。无论是攻击还是防御，战斗都不简单。

从某些方面看，钱德拉塞卡、阿尔文和沃弗辛斯基确实是失败的，他们从未被具有统治地位的人当成“自己人”。虽然他们的科学观点现在受到了广泛接受和认可，但他们都在职业生涯中体会了比自己同行更多的失望。钱德拉塞卡提道，“除了诺贝尔奖，他从未感觉到自己参与了天文学的建立。”阿尔文说，“自己的地位就是一个‘持不同政见的人’，自己一直处于非常不开心的位置”。沃弗辛斯基的抱怨最少，或许因为，他一直认为，自己永不会得到科学家的终极奖励，诺贝尔奖。他说，“我不属于他们的世界。”

这些对叛逆科学家而言难以翻越的坚墙高垒有时或许正是他们需要感激的东西——正因为有它的存在，他们不得不团结合作以拆除那些高墙。如同我们在最后一章的介绍，人们会采取新奇且特殊的反传统方式来拆除高墙。

8　在火线

从外表看，这似乎是一片祥和的田园美景。2010 年秋，奇切利大厅（Chicheley Hall）红砖前的栗树刚开始变黄，这是一栋宏伟的格鲁吉亚乡村别墅，坐落在白金汉郡（Buckinghamshire）郊区一座占地 80 英亩的美丽花园。英国皇家学会（世界上最古老的科学协会）最近花了 600 万英镑将其购置下来并另花了 1 000 万英镑将它改建为会议中心。他们希望科威利皇家学会国际中心（Kavli Royal Society International Centre）可以为科学家们提供轻松的创造性工作氛围。

但是，会议厅内部的气氛却让人无法轻松。行星科学家科幻小说作家大卫·布林（David Brin）已愤怒得快冒烟了，他的嘴扭曲成了丑陋的形状，头不时地因不屑一顾而摇动。他的眼睛几乎无法从面前的桌子上抬起，只是愤怒地盯着木头。很明显，一旦目前的发言人，外星人狩猎 SETI 研究所（alien-hunting SETI Institute）资深天文学家塞思·肖斯塔克（Seth Shostak）完成他的演讲，布林会立刻爆发。

肖斯塔克和布林正在参加一个小组讨论，讨论我们是否应尝试与外星人交流。经过多年对外来信号的徒劳聆听，肖斯塔克热衷于认为我们应通过系统的方式由地球向外发出信号，以使宇宙了解我们。但布林认为，这无异于自杀。轮到布林说话时，他转向肖斯塔克，开始开火。“肖斯塔克表现出的是‘惊人的无知和难以置信的想象力不足’，”他说，“肖斯塔克低头鞠躬，只会露出一头整齐的白发和苦笑。”

然后，布林表达了对肖斯塔克在外星情报搜索管理方面的蔑视，很明显，两人有积怨。布林提到了肖斯塔克的“嘲讽论调”以及他那“波特金（Potemkin）式的表面文章和受党派操控的福克斯新闻风格会议”。

接下来的嘲讽是关于两人一起工作的那段时间。布林参与起草国际航空研究所（International Institute of Aeronautics）的一份关于是否应将信息广播到太空以试图接触外星人文明的协议。他在2006年从委员会辞职，因为肖斯塔克和其他一些成员改变了一些已经商定的措辞，并取消了在传递任何此类信息之前应达成国际协议的条款。

“如果他们不出声，”布林说（他指的是外星人），“那么，也许他们知道一些我们不知道的事情。”他说，“自己并不想将外星人妖魔化，只是非常谨慎。”当发现自己及拥趸受到其他人的嘲笑时，他被激怒了：“我们在意的是正在发生的粗鲁无礼，这是智慧的败笔。”

如布林所望，会议主席同意辩论是开放的。于是，肖斯塔克很高兴卷入这场争论。“如果你认为广播是危险的，”肖斯塔克说，“你不妨把对外来信号的搜索也关掉。”他继续补充，“否则，外星人也能得出同样的结论”。但布林并不买账。

一位匈牙利教授站在观众席上提出请求，“难道我们不能回到科学问题的讨论上？”他说，“这看起来像个电视脱口秀！”他说得对，这就像看杰瑞·施普林格（Jerry Springer）在主持一期关于科学的脱口秀特别节目。打破僵局的方法也非常有趣，持续了大约20分钟的争吵后，多伦多约克大学（York University in Toronto）的人类学家凯瑟琳·丹宁（Kathryn Denning）站起来，问了一个何种广播信号水平能被检测到的问题。“这场争论我已看了好多年。”她说，“显然，具有同等学力的优秀头脑的人之间出现分歧，是很正常的事情。”

气氛顿时冷静了下来，就像父母走进了正在打架的两兄弟的房间，天文学家们又重新团结起来。一个人说，“其实这两个协议非常接近。”“不，”另一个说，“不只是接近而已。”房间里响起一阵喧哗声。他们说，“现在，大家没有分歧了，又是朋友了。”于是，布林开始谈论肖斯塔克在这个话题上的表现是如何的优秀，他说，“每当肖斯塔克谈到SETI时，他都会非常谦恭地倾听”。肖斯塔克也在这一主题上发表了一次精彩的演讲，变脸比翻书还快。

除了对外行人的苛责，没有什么能消弭科学家间的战斗。你知道，他们都是隐藏的无政府主义者，开放的无政府状态深入他们的骨髓。当然，有时，他们之间的孽缘也会深得无法遏制，然后，他们的无政府状态会令人震惊地被释放出来。

1987年2月5日，卡尔·萨根（世界上最著名的科学家之一）在内华达州（Nevada）被捕。卡尔·萨根一直试图翻越围墙，进入美国军方进行核武器测试的核心地区。

这次逮捕，源于萨根进行科学研究的直接结论。4年前，他曾试图将核爆炸余波所知的一切知识都汇集在一起。他将这一认识应用于预测全面核战争的情景，并在一篇题为《核冬天》（*The Nuclear Winter*）的文章中对这一论点作了总结。他说，“任何这样的冲突都可能会涉及到5 000—10 000兆吨的爆炸当量。成千上万的核武器，现在正在导弹弹仓、潜艇和远程轰炸机中静静地守候，如同等待命令的忠实仆人。”萨根得出结论，“地球上大约50%的人会因此而迅速死亡。那些幸存下来的人也会在完全黑暗的环境中生活数月，因为灰烬和烟尘填满了天空。植物无法获得足够的光进行光合作用，将停止生长。饥饿、辐射病、抢劫和野蛮的无政府状态将成为幸存者必须面对的问题。”

萨根承认，自己的计算也许存在较大的误差，但他提出了所有的可能性。“保守主义的传统在科学研究上通常会发挥较好的作用，”他说道，“但是，当数十亿人的生命受到威胁时，保守主义可不是什么好事。”于是，他发表了自己的研究结果。他的分析引来了许多原子科学家的愤怒，以及政府官员的无视。萨根意识到，自己无法通过常规的科学方法获得更好的效果，于是他加入了一群志同道合的伙伴。

当他被捕时，美国正在继续一个武器试验的研究，即使当时的苏联已单方面停止了这种测试。2年前，1985年8月6日，在轰炸广岛的40周年纪念日上，米哈伊尔·戈尔巴乔夫（Mikhail Gorbachev）宣布，苏联从此暂停核武器试验。里根总统宣称，此举只不过是苏联的宣传造势，拒绝效仿。

在1987年的那天，在开始当年的第一场核试验前，超过2 000人聚集在内华达州试验场。萨根和其他437人被逮捕并乘车押往内华达州贝蒂镇（Beatty）附近。在那里，他们被登记并被控非法侵入或拒捕（或两者兼有），然后等待宣判。

卡尔·萨根的斗争，是与那种认为科学家不应干预其成果应用方式的错误论调的抗争。他没有为战后的科学美化，也不准备表现得像雅各布·布鲁诺夫斯基所说的胆怯的僧侣一样去代表新的懦弱的科学精神。这不仅表现在核扩散领域，萨根希望围着科学的围墙能倒下，并尽最大努力向公众传达科学的喜悦、发现和意义。可悲的是，他的做法并未得到其他科学家的认同。

当萨根通过图书、杂志和电视节目出名后，他被哈佛大学取消了终身教职，并被剥夺了美国国家科学院院士的资格。原子物理学先驱爱德华·泰勒（Edward Teller）曾对萨根的传记作家凯伊·戴维森（Keay Davidson）说，“萨根是个‘无名小卒’，从不做任何有价值的事情”。然而，《科学美国人》（*Scientific American*）专栏作家迈克尔·舍默（Michael Shermer）分析这一说法的真实性时发现，就同行评议的期刊发表论文质量而言，萨根是其中的佼佼者。他一生的出版量可与贾雷德·戴蒙德（Jared Diamond）、E. O. 威尔森（E. O. Wilson）和斯蒂芬·杰·古尔德相匹配。1983—1996年，尽管正处于流行写作的巅峰时期，但萨根仍能每月发表一篇以上的科学论文。他的同行们将他视为“公关人物”，而非科学家。人们说，“萨根最出名的以及给他所在学术机构带来最大麻烦的，是他那巨量的流行文章和采访。”

在战后的岁月，萨根意识到科学成为了一种被政治利用的工具，而科学家们在很大程度上忽略了他们确保科学被正确使用的责任。所以，他热切地致力于让科学功能回归到探索宇宙之中，并尽可能使之变得更好。

20世纪70年代早期，环境科学家詹姆斯·洛夫洛克（James Lovelock）曾试图寻找一种方法检测地球大气的移动。他很快意识到，冰箱、冷冻机、喷发剂或除臭剂及其他产品中的氟氯烃（CFC）分子是个不错的示踪物。一旦被释放，CFCs（CFC的复数形式）在大气中非常稳定，它们不会轻易分解。它们从地球人口稠密的地区进入大气层，因此，如果你能用CFC探测器进行环球旅行，你将能追踪大气流动。

洛夫洛克将自己锁在建于威尔特郡家里花园的实验室中，他着手建造世界上最敏感的CFC探测器，并将其称为电子捕获气相色谱仪（electron capture gas chromatograph）。他成功了，这个设备非常灵敏，能检测到大气中相当于游泳池中一滴水的CFC的浓度。具有讽刺意味的是，由于仪器太敏感，他不得不让家人停止使用含有CFCs的产品，因为这会干扰他的初步测试结果。

当这台仪器准备在广阔的世界开始服役时，洛夫洛克在研究船沙克尔顿号（Shackleton）上预订了一个位置，当时它正准备返回南极。在往返航途中，他测量了大气中CFC的浓度。

回来后，洛夫洛克参加了一个会议，他和一位来自CFCs主要制造商杜邦公司（DuPon）的科学家聊天。两人都发现，洛夫洛克对大气中CFC分子总量的测量与当今全世界的总产量几乎完美吻合。他们认为，这是一个有趣的巧合。后来，一位名叫舍伍德·罗兰（Sherwood Rowland）的化学家偶然发现了这一小部分的信息。他认为，这是令人震惊的。

所有人工制造出来的氟氯烃始终存留于大气中的消息给了罗兰一个研究项目的想法。他知道，CFC分子在较低的大气中是稳定的，但它们终究会上升到大气的更高层，并暴露在越来越强的太阳辐射水平下。他推断，这会将分子击碎成它们的组分，在这之后又会发生什么呢？马里奥·莫利纳（Mario Molina）是罗兰实验室的博士后研究者，他决定将这个问题弄明白。1973 年圣诞节，可怕的结果开始呈现。

莫利纳发现，CFCs 需要几十年的时间才能到达平流层，即位于地球表面 10—30 英里（16—48 公里）之间的大气层。一旦到达那里，太阳辐射将会把它们击碎，释放出游离的氯原子。这些氯原子会对臭氧层带来严重破坏。

臭氧是由 3 个氧原子组成的分子（普通氧分子含有 2 个氧原子），它们在大气层中的含量并不高。平流层中的臭氧处于较低的浓度。如果，你将所有的臭氧压缩起来用以覆盖地球表面，其厚度不超过一张纸巾。

然而，臭氧有一项重要的功能，吸收紫外线并遮蔽地球表面让我们免受猛烈的阳光照射。由于臭氧层的存在，我们远离了强辐射引起的皮肤癌和失明。根据世界卫生组织的报告，如果 CFC 的生产不受到抑制，地球臭氧层的消耗将在 2050 年前致使每年多引发 5 亿例皮肤癌患者。2050—2060 年，该数据将增长 3 倍。显然，破坏地球的臭氧将给人类带来恶劣的影响。莫利纳在 1973 年就非常清楚，CFCs 最终会给我们带来多大的破坏。

臭氧分子很不稳定，具有 2 个氧原子的氧气则稳定得多。受到太阳辐射从 CFCs 中游离出来的氯原子，能轻易地将臭氧分子中多出的那个氧原子敲出去。而后，它们将化合形成一氧化二氯，这是一种高度危险的被称为自由基（free radical）的分子。自由基在它们的化学组成中有一个备用的、反应性活跃的电子，这使它们渴望与某些物质发生反应。在平流层，一氧化二氯会贪婪地清除任何游离的氧原子，形成稳定的氧气分子并释放出氯原子，氯原子会继续与臭氧中的氧原子结合为一氧化二氯。换句话说，这是一个连锁反应，莫利纳知道这可不是什么好消息。

“他的第一反应，”他说，“其实是不相信。他认为，自己一定在计算中出了问题。”但他也说，“当时感到脊背发凉。如果自己是对的，地球就危险了。”

罗兰和莫利纳检查了自己的计算过程，与同事们进行讨论并努力寻找分析中可能出现的错误。他们没能找到任何瑕疵，于是，他们于1974年6月在《自然》杂志上发表了他们的研究结果。几个月后，他们参加了在大西洋城举行的美国化学学会的一次会议，首次将结果公之于众。截至10月，一个美国政府委员会委托美国国家科学院对臭氧层是否真的受到人类活动威胁进行研究。

美国环境保护署估计，平流层臭氧每减少1%，非恶性皮肤癌发病率将上升5%，癌症死亡率会随着臭氧浓度的降低而增加。人类每年释放的800 000吨氟氯烃，最终都会抵达平流层，每个氯原子都能破坏成千上万的臭氧分子。算下来，臭氧层最终会被消耗20%—40%。罗兰呼吁，立即禁止不必要的氟氯烃的生产和使用。而氟氯烃的生产商对这种可能性完全否认，于是，战争开始了。

不幸的是，绝大多数科学家并不想站在罗兰和莫利纳这边。他们中的一些人甚至站在了对立面。1975年，美国工业伞组织的化学专业制造商协会将伦敦帝国学院的物理教授理查德·斯科尔（Richard Scorer）带到美国。他的工作是播种怀疑的种子。在为期6周的巡演中，他告诉听众，“观看黄金时间电视节目《火线》（*Firing Line*）的观众们，臭氧破坏只是一个‘唬人的故事’，对CFCs的批判言论是‘十足的废话’。地球大气层有我们环境中最强大且最具活力的元素，人类的活动对它的影响微乎其微。”

斯科尔的巡演对科学界的观点不会产生什么影响，但调查显示，巡演确实导致了对罗兰和莫利纳的科学主张持反对态度的公众增加了50%。这足以让争议继续存在，并陷入困境。

1976年，罗兰说，“自己对CFCs的禁令充满了渴望。”他并不孤单——1976年1月，在加利福尼亚州拉古纳海滩（Laguna Beach）举行的第12届自由基国际研讨会上，一些其他科学家呼应了他的担忧，但禁令似乎并无进展。他们什么也没改变。

当美国国家科学院于1976年9月发表报告时，其结论含混不清，以至于次日《纽约时报》报道的科学院的建议为抑制喷雾剂的使用，《华盛顿邮报》的头条则是“科学院不支持喷雾剂禁令”。正如《臭氧战争》（*The Ozone War*）的作者莉迪亚·多托（Lydia Dotto）和哈罗德·希夫（arold Schiff）指出的，“科学院报告中那含糊不清的态度确实意味着两种报纸的理解都基本正确”。

事情拖了很长时间才有了些许进展。在自然资源保护委员会工作的律师阿兰·米勒（Alan Miller）称，1977—1985年是“黑暗年代”。尽管美国禁止使用含有CFCs的气溶胶喷雾剂，但非机动车燃料电池的销售却飙升到了新高度。这时，距离罗兰和莫利纳申明CFCs的巨大危险性已有10多年的时间了。

“如果我们最终能做的事情只是站在那里旁观，那么，科学发展到能预测将来又有何作用?”这是罗兰对新闻记者的咆哮。20世纪70年代卷入臭氧战争的大多数科学家都将自己的态度描述为“谨慎小心”。但当这场争论导致他们所做工作被一个科学家愤怒地称为“金鱼缸中的科学”时，他们从大众眼中消失了，他们退缩了，他们的反应很差。

以哈佛大学大气物理学家迈克尔·麦克尔罗伊（Michael McElroy）的经验为例。生产商代表指出，他的红发和苍白的皮肤代表了那些对获得CFCs禁令有特殊兴趣的科学家们的形象。商业杂志《气溶胶时代》（*Aerosol Age*）评论说，“你们看他的皮肤，他成为减少皮肤癌患者的倡导者或许不难理解。”令人震惊的是，这种人身攻击性质的嘲弄，居然被一名微生物学家发表在《自然》杂志的书页上：

> 在佛罗里达州卡纳维拉尔角（Cape Canaveral）的海滩，我看到一个红头发的男人，被晒得像一只煮熟了的龙虾，正将普鲁卡因霜涂到他那闪闪发光的背上。唯一不寻常的是，这人正是迈克尔·麦克尔罗伊，他的领域是行星大气物理学和化学。他大声警告我们，

破坏臭氧层所导致的紫外线危险……当然，他以及我们所有人，都应该在身上穿一件T恤。

在1988年的一个采访中，麦克尔罗伊承认，他用了近10年的时间对争论做出了科学贡献，但并未要求必须获得CFC禁令。他说，他更关心的是科学所面临的信誉问题，即我们理解问题方式之间的鸿沟，而不是关于臭氧耗尽的危险。大气科学家史蒂芬·施奈德（Stephen Schneider）也采取了类似的方法，他说，“他和他的同事们被卷入了倡导者的夸大说法。政治利益、媒体炒作，他们将这一切变为了一场拳击赛。”

与摇摆不定的态度形成鲜明对比的是，罗兰和莫利纳站了出来，为赢得禁令挺身而出。罗兰的同事不愿参加他的行动，10年里，几乎没有大学化学系会邀请他作讲座——对他这个水平的化学家来说这是不可思议的。12年过去了，没人邀请他和工业集团对话。就连詹姆斯·洛夫洛克也认为罗兰过于鲁莽，他呼吁罗兰和莫利纳在“传教士”般热心禁止CFCs方面应采取“英国式的谨慎”。罗兰说，“对臭氧的问题提倡政治手段影响了他在科学界‘永久性’的声誉。”现在，他说，“自己属于一个被‘永远怀疑’的群体。”

最终，只有当人们发现了南极洲上空臭氧层上的一个可怕的空洞后，才激起了科学家们的热情。麦克尔罗伊后来说，“这是他决定认真对待禁令的时刻”。这个漏洞在1976年9月开始出现，正是美国国家科学院发表那篇含糊其辞的报告的时间。当时，尽管每个人都开始关注臭氧层，却没人注意这个洞。

美国国家航空航天局的卫星观测系统漏洞百出。英国在南极洲哈雷湾（Halley Bay）的地面观测站没有错过这个洞，但它收集的数据并未被输入任何计算机，而是在剑桥大学的实验室里被束之高阁。整整4个春天过去了（请记住这是南半球），臭氧层的季节性消失居然避过了所有科学家的视线。然后，在1981年，一些剑桥学生终于开始轮流地将最近几年的数据输入计算机。

很快，他们就注意到了这种异常现象。美国阿蒙森史葛地面站最可信的数据表明，臭氧浓度下降了 2%—3%；但根据英国仪器提供的数据，春季的耗竭居然高达60%。率领英国队的乔伊·法曼（Joe Farman）试图联系美国宇航局，看看他们的卫星是否也看到了同样的情况。他并未得到答复。他的一个学生非常兴奋，说他们应将结果发表出去。但法曼不这样认为，甚至要求不能将这个结果告诉任何人。如果着急地将结果公布，且结果在未来被证明为错误，他们的资助将遭到撤销。法曼决定再等待一下，直到能确定他们的仪器没有歪曲事实。

哈雷湾地面站测量天空中臭氧浓度的方法是，使用分光光度计检测哪些波长的光线穿过了大气层，哪些波长的光线未穿过。穿越过来的紫外线越多，就意味着臭氧层越薄。不过，当时法曼使用的仪器已快到报废年限，新的仪器还在剑桥等着被启用。当他们装备了新的仪器并重新测量时，数据证实了臭氧的季节性下降。1984 年的数据显示，9—10 月，大约有 30 天时间臭氧层出现了高达 40% 的下降。这个空洞从哈雷湾向西北方向一直延伸到 1 000 英里（1 600 公里）之外的第二个测量站。从任何角度看，这都是个大洞。

为什么美国宇航局的卫星没有看到呢？一个普遍的谣言在臭氧狩猎社区迅速传播：NASA 用来分析卫星数据的程序剔除了异常低的数值。事实是，美国宇航局的卫星接收机将数据人为标记为异常：因为与预期严重偏差，他们认为这或许是误差的结果。这些异常数据被标记后进行重新检查。不幸的是，美国航空航天局的研究人员检查这些数据时使用的仪器与法曼的不同，是有问题的。阿姆森史葛地面站记录的臭氧水平几乎是卫星记录的两倍。因为他们的数据更符合他们的预期，美国宇航局的研究人员放松了警惕。

事实上，他们还是稍慢了一些，团队的领导者理查德·麦克彼得斯（Richard McPeters）或许直到今天仍然对此耿耿于怀。我们在第 6 章中看到，对科学家的竞争来说，最先提供坚实可信的结果非常重要。尽管麦克彼得斯自称是首个报道臭氧空洞的人（因为他早在1984年底就向在布拉格举行的一个会议的组织者提交了相关摘要报告），但法曼才是官方公认的南极臭氧空洞的发现者。法曼的研究小组于1984年12月将他们的发现寄给了《自然》杂志，邮件在圣诞夜到达了《自然》杂志的办公室。1985年5月16日，这些令世人震惊的发现被公开发表。

根据科学史学家莫林·克里斯蒂（Maureen Christie）的说法，这个空洞最早在1981年就被发现了，"如果没有将数据压在箱底，或者研究组长稍微少一些谨慎，英国研究小组能更快地将此发表"。同样地，如果美国宇航局在验证异常数据时，没有简单地认为这只是"可能的意外"，事情或许早已被公开。不管怎么说，事实是，在这个空洞出现长达8年之后，科学家们终于有了一些能震撼政治家采取行动的证据。

联合国环境规划署的专家估计，1987年签署的《蒙特利尔条约》（*Montreal Protocol*）——一份限制破坏臭氧层的化学品排放的国际条约——预防了多达2 000万例皮肤癌和1.3亿例白内障的发生。2010年，他们报告说，"大气层内臭氧浓度已不再下降。虽然，臭氧暂时还未出现增加现象，但预计在2050之前全球大部分地区的臭氧水平将恢复到1980年前的水平。在破坏最严重的极地，完全恢复或许需要等到2100年。"面对CFC危机，人们必须承认，并非所有的科学发明都对人类有益。

1963年，丹尼斯·加博尔（Dennis Gabor）出版了一本名为《展望未来》（*Inventing the Future*）的书。该书即便在今天，也具有较强的可读性，因为这位出生于匈牙利的科学家和发明家（因全息技术获得1971年诺贝尔物理学奖）加博尔的开场白震耳欲聋。他说，"我们的文明面临着三大危险——第一是，核战争造成的破坏；第二是，人口过剩造成的负担；第三是，休闲时代的到来。"

"核战争"和"人口过剩"带来的危险大家相对好接受，加博尔的断言令人吃惊的是，将"休闲时代的到来"认定为危险似乎是个笑话。

我们中的许多人，从小就被告知，“最美的时光就在眼前，科学家们一直忙于发明机器人并用计算机解决我们的一些繁杂工作，使我们的享受最大化。”但加博尔说的这个危险可不是开玩笑，他说：“尽管这个时代还未到来，但它正以迅速的步伐向我们逼近。”我们现在可能已对休闲时代的概念嗤之以鼻，但值得注意的是加博尔那严肃的语调，因为其他一些20世纪的宣言仍笼罩着我们，最持久的当属科学比自然更强大的观念。

在1963年的CBS的纪录片中，化学家罗伯特·怀特－斯蒂芬斯（Robert White-Stephens）以科学权威的形象进行了发声。他穿着一件实验服，留着整洁的胡子并戴着厚厚的边框眼镜。他的声音低沉，具有丘吉尔般的抑扬顿挫，他说，“现代化学家、现代生物学家和现代科学家相信，人类正稳定地控制着自然。”

怀特－斯蒂芬斯当时正回应一位名叫蕾切尔·卡森（Rachel Carson）的年轻生物学家提出的挑战。这个年轻人出版了一本书，质疑美国新近表现出的对杀虫剂的热爱是否明智。1945年之前，大多数战争都会因诸如斑疹伤寒之类的虫媒疾病而结束，因为太多的士兵死于疾病而非战争本身。二氯二苯基三氯乙烷（DDT）的发明改变了这一切，在第二次世界大战之后，化学家们不断利用发明为自己正名。所以，支持者认为，化学能积极地改变人们的生活。

当然，这看起来似乎是合理的，因此政府投资于巨大的工业联合体，生产出了大量用于农业和城市卫生的化学品。美国公共卫生部的影片显示，DDT随处喷洒，包括喷洒在正在公园里吃三明治的快乐孩子们的身边，市政游泳池戏水的人的身边，以及观看社区活动的抱着婴儿的母亲身边。化学家们的目的是消灭害虫。事实上，尽管它们确实能消灭害虫，但四磷酸焦酯（TEPP）是一种德国神经毒气化合物的核心结构，他们并未认识到这些杀虫剂在消灭害虫的同时也会伤害其他生物。

当人们注意到鸟类的死亡时，才开始有人关注这个问题。卡森用诗意的语言清晰地表达了情况的严重性。她说，“不分青红皂白地喷洒杀虫剂，很快就会导致出现一个没有鸟鸣的春天，一个‘寂静的春天（silent spring）’”（她出版的书名也为《寂静的春天》）。她宣称，“美国必须抑制他们向环境中释放的化学物质”。

由于疾病和一些个人其他因素的困扰，卡森花了4年时间研究并撰写自己的书。该书出版于1962年，引起了反对派的赞誉、公众的警觉和许多科学家臭名昭著的蔑视。埃米尔·姆拉克（Emil Mrak），食品科学家，戴维斯加州大学校长，向美国国会作证说，“卡森的科学结论与目前的科学知识体系背道而驰”。然而，在科学评论家中，反应最激烈的是怀特-斯蒂芬斯和他在美国杀虫剂行业工作的同事，他们获得了一项25万美元的资助专门用于反驳卡森的观点。怀特-斯蒂芬斯宣称，“卡森的所作所为是对实际事实的严重歪曲，完全没有科学实验证据和这一领域的一般实践经验的支持”。他继续说道，“事实上，对人类生存的真正威胁并非是化学性的，而是生物性的——成群的昆虫会吞噬我们的森林，掠夺我们的农田。”

卡森对科学知识的全面掌握，加上她为捍卫该书论点罕见的公开露面时表现出的镇定态度——她正与癌症进行一场必输的战斗——促成了强烈反击。批评者的发言最终演变为对她个人的粗鲁侮辱：“卡森被嘲笑为‘歇斯底里’、‘情绪化’、‘对保护后代一无所知的老处女’”。

尽管这些攻击成功地抹黑并打压了卡森和她的支持者（许多工业科学家暗中帮助她的研究，而那些在书中被公开引用的人为此丢掉了工作），但仍有大多数意见支持《寂静的春天》。由于公众关注度的增加，美国政府通过了一系列的环境保护法。鉴于此，卡森被称为“现代环保运动的先驱者”。

在科学史上，能如此深刻地改变人类的事件非常罕见。卡森的洞察力可与爱德华·詹纳（Edward Jenner）发明和接种疫苗媲美。在《寂静的春天》出版之前，很少有公众认为人类与其周围的环境有关，或者说人类也依赖于周围的环境。这并非无知的结果，而是科学傲慢的结果

——人们相信科学家们的保证，即人类现有技术能完全控制自然并利用自然为人类服务。时任美国内政部长的斯图尔特·乌德尔（Stewart Udall）记得，这是一个“原子改变生活、人类征服自然、科技改变世界”的时代。他说，“自然世界被推入了幕后”。

人们在农场、街道、学校、游泳池和农村喷洒滴滴涕所依赖的精神就是乌德尔的希望。《寂静的春天》摧毁了这种精神：突然，人们意识到人类只是环境的一部分，而不是孤立地居于环境之上。

卡森去世后，留下了一个我们尚未完全解决的遗产——新的环境保护责任感。她书中提及的帝王蝶也需要这份遗产来保护——由于天气模式的变化和除草剂的过度使用，缅因州和美国大陆其他地区的帝王蝶已变得越来越少。

“这并非不可逆转的趋势”，美国宇航局的科学家詹姆斯·汉森（James Hansen）会这样告诉任何关心倾听的人。2008 年夏，汉森担心帝王蝶的衰落，带孙子们到宾夕法尼亚州东部的荒野寻找乳草，这是帝王蝶幼虫唯一能吃的植物。他们挖了一些，并将这些植物栽在了自家花园。2009 年，他们发现移植的乳草上出现了帝王蝶的幼虫。汉森和他的孙子孙女们从乳草中取出种子，把它们大量种植在附近的土地上。为了让这些卡森深爱的蝴蝶能重新在美国繁盛，他们付出了微弱的、近乎徒劳的努力。

但汉森认为，什么都不做才是真正的徒劳，这就是为什么在 2004 年 63 岁的他成为了气候变化活动家。2006 年，《时代》杂志将他列入美国最具影响力的 100 位人物名单。这也是汉森首次被捕的那年，他说，“仅仅做研究，已远远不够了。”

他说这句话的原因，并非自己在学术上没有建树。相反，汉森是行星科学领域最受尊敬的研究者之一。作为美国国家航空航天局戈达德空间研究所的主任，他担负着举足轻重的作用，他还是哥伦比亚大学的教授。他的研究已获得了无数奖项。汉森比任何人都清楚——当某个星球被全球变暖困扰时，会发生什么。

下一次金星可见时，请抬头看看天空中的它。其实，你看不到它的表面：这颗行星被硫酸和令人窒息的二氧化碳覆盖。在那厚厚的、令人窒息的大气层下，金星表面是常年在450摄氏度以上的温度下烘烤得一片荒芜。金星通常被称作地球的双胞胎，它的直径仅比地球直径小5%，质量大约为地球的80%。詹姆斯·汉森在生活中的使命是——防止地球变得与金星一样。

汉森发现金星表面的高温不能仅归咎于距离太阳过近，还受制于充满二氧化碳的大气的覆盖效应。正因此他认识到了这点，他对地球大气中二氧化碳含量不断增长的报道深感忧虑。

1988年，美国国会要求汉森就“温室效应”发表意见。一些太阳辐射到地球的能量会被地球的表面反射回去，但二氧化碳和其他温室气体能吸收部分反射能量，防止它们被辐射回太空。一些科学家已提出了警告，“大气中二氧化碳含量的增加将导致地球温度上升。如果能量输入与输出的平衡在错误的方向上走得太远，大气最终必定会被加热到灾难性的高温。”

汉森给国会的反馈非常坚决。意识到这些后，他已停止了对金星大气的研究，开始研究离家乡最近的大气层。他告诉国会，“温室效应是真实的且很快就将到来，会对所有人民带来重大影响。”他说，“这方面的科学证据是压倒性的”。

我们不在这里辩论全球变暖是否真实存在，对此，我建议大家读读汉森的书。汉森在国会的证词中声明，“人类活动对大气中二氧化碳含量的增加负有责任，人类触发了来自与二氧化碳排放相关的行业，发电机和汽车制造商对此强烈反对。”

处于争论旋涡核心的是IPCC——政府间气候变化专家小组（the Intergovernmental Panel on Climate Change）。它是诺贝尔奖得主，2007年的诺贝尔和平奖被授予IPCC和阿尔·戈尔（Al Gore），“因为他们努力建立并传播关于人为气候变化的更多知识，并为应对这种变化所需的措施奠定基础”。但许多人都清楚，IPCC 还可以做得更好。著名的物理学家和气候活动家约瑟夫·罗姆（Joseph Romm）这样总结，“大多数科学家——尤其是 IPCC——倾向于过分强调关键问题上的不确定性”。

与英国皇家学会卡夫利中心的外星人通讯小组一样，IPCC 也不愿在面对公众监督时自找麻烦。对于一些个人的大胆行为，他们会统一科学家集体发言的口径。他们自然、本能地作出一致努力以达到不危言耸听的目的，且回避可能被解释为有问题的事情。因此，IPCC 是一伙为提供给他们资金的政府发声的科学家，他们低估了温室效应的各种影响，比如冰川融化时海平面的变化。如何达到这个目的呢？很简单，过分强调气候变化数据的不确定性即可。显然，这是为自己找后路的行为。

汉森指出，尽管近年来用于应对气候变化研究的一般性资金资助急剧增加，但获得资助比例最大的通常是一些更谨慎的人。他说，“在我看来，在获得资金方面，科学家们似乎更倾向于淡化气候变化的危险。”他确有亲身经历，1981 年，美国能源部撤销了原本计划给他研究小组的一笔资助。他们明确地告诉他，“他们不喜欢他发表的一篇关于继续使用化石燃料可能会产生不利影响的论文。”

问题在于，如果像 IPCC 这样的机构也轻视全球变暖的可能影响，那么，人们如何知晓真实的情况？正如卡尔·萨根指出的，在考虑核冬天可能造成的影响时，如果科学家们都不能坚持客观的观点，人们又如何知道核冬天的真实场景以及我们如何应对？汉森对 IPCC 保守主义的反应提出了直截了当的质疑，“难道我们所知的不应该让我们说得更多吗？”在 2004 年，他开始发声，打破了 15 年来“逃避媒体”的努力。

2006 年，《纽约时报》发表了 NASA 试图使汉森闭嘴的报道。在美国地球物理联盟的会议上，汉森呼吁，必须立即削减碳排放量。这直接导致美国宇航局做出了决定，在未来任何媒体的采访中，汉森的上级必须同时参与。汉森的反应是耸耸肩膀，继续我行我素。对汉森来说，这是他的公民权利，而政府的做法显然具有法西斯主义的意味。

汉森说，当政府在这些问题上犹豫不决时，公民的不服从就成为了选择。这就是为什么，2009 年 3 月，他参加了在华盛顿国会发电厂举行的反对燃煤发电站的抗议活动。组织者称赞这次活动是“美国历史上最大的反抗全球变暖的民间反抗行为”。正是在那里，汉森首次宣布，不惧怕为此而被捕。

没过多久，6 月 23 日，西弗吉尼亚州警察逮捕了他以及数十位其他示威者，包括女演员达里尔·汉娜（Daryl Hannah），罪名是侵害一家煤矿公司的财产。梅西能源公司（Massey Energy）计划炸掉罗利（Raleigh）市的一座山尖，以开采下面的煤层，这种做法因对环境造成严重破坏而受到了大众的广泛谴责。2010 年 9 月，汉森再次被捕，因为他参与了在白宫外举行的反对同件事情的抗议活动。

汉森总是小心翼翼地明确表示，他是以个人身份而不是以 NASA 代表的身份参与这些抗议活动的。他说，“这些天来，自己主张对政府施加法律压力，政府有责任保护年轻人和后代的生命。”

与蕾切尔·卡森不同的是，詹姆斯·汉森不是一个特别有天赋的沟通者。他的作品朴素，有时笨拙，几乎没有任何诗意。他的作品就像他自称的“来自中西部慢节奏的沉默的科学家”的写作。汉森确实有一件事与卡森同路——为了后代而努力。他最大的恐惧是，“他的孙子们有天回首过去，并指责他对明知要发生的灾难束手旁观。”仅帮助他们饲养一些蝴蝶远远不够。

这就引发了一个显而易见的问题。科学家都有不少子孙（尤其是气象学家），为什么汉森在对抗的道路上如此形单影只？在这里，我们可能会提出另一个相关疑问：为什么禁止 CFCs 的斗争需要如此长的时间？娜奥米·奥雷斯克斯（Naomi Oreskes）和埃里克·M. 康韦（Erik M. Conway）在他们出版的《贩卖怀疑的商人》（*Merchants of Doubt*）一书中提出了同样的问题。他们深入研究了近百年来最大规模的科学斗争的细节，发现多数科学家们的表现令人失望。奥雷斯克斯和康韦原计划介绍一下在对抗酸雨、气候变化、烟草营销和臭氧危机等方面杰出科学家的英雄故事。但事实上，只有极少数科学家做到了。他们指出，“很明显，科学家们明确地知道一些说法是错误的，但他们并未作出过多的反驳!”

显然，我们在萨根、卡森、汉森和其他人的行动中看到了公开的叛逆，虽然鼓舞人心但却相当罕见。分析科学家们对权力者讲真话的历史，你会发现科学家的胆怯。有时，科学家们远不如你所期待的那么有叛逆精神——如同我们所见。

一些科学家不愿对气候变化提出强烈的要求，以免受到反对派的攻击。一位海洋学家曾告诉奥雷斯克斯，“她宁可谨慎行事，因为这会让她感到安全。”来自个人和专业的攻击的威胁使许多科学家不愿反驳气候变化否认者的错误言论。

芭芭拉·麦克林托克，为了不受其他同行干扰而沉醉于自己的研究，选择拒绝反驳。许多研究人员都在尽量避免争议，他们只想从事科学研究，而不想从事其他工作。

事实上，科学家坚持认为，真相终会水落石出。有人说，“科学家的工作并不需要将与公共政策相关的科学案例每天向公众通报”。奥雷斯克斯和康韦专心研究了这个借口并得出结论，“科学家们未能处理关键问题的主要原因是太天真。科学家对科学的力量持乐观态度并真诚地相信，他们只有悄悄地继续自己的研究，科学探索终将回归真理。”

许多科学家宣布，他们的专长在决定政府行动的过程中价值不大。在美国参议院举行的一次关于臭氧消耗的听证会上，迈克尔·麦克罗伊说，“在提出政策建议时，他个人的建议并不比那些知情的外行人的建议更有价值”。2008 年，气候科学家苏珊·所罗门（Susan Solomon）采取了同样的立场，他告诉《纽约时报》，“作为科学家，如果我们超越自己所知而屈从于个人观点，我们就会像自己不喜欢的怀疑论者那样假装成权威进行个人揣测。”

为了“科学的品牌”，科学家们在第二次世界大战后几十年来一直奉行低头和顺从，早已失去了提高嗓门的习惯，即使这个世界需要有人站出来说些什么。

密歇根州立大学的迈克尔·尼尔森（Michael Nelson）说，“这种态度急需改变。”尼尔森认为，“汉森的态度才是科学家应采取的唯一符合道德要求的立场。”他继续说，“科学家们有责任去采取行动。当科学家将拒绝发声作为一项选择原则时，他们就拒绝了自己作为公民的一项基本权利。”尼尔森补充，“这种拒绝是不道德的。”

科学家，作为高度知情的公民，有着独特的责任。卡尔·萨根曾说：“我认为，让公众警惕可能的危险是科学家的一项特别任务，尤其是那些来自科学或者通过使用科学可以预见的危险。”萨根曾借用《恶魔世界》（*The Demon-Haunted World*）中的一句话献给自己的孙子托尼奥（Tonio），“我希望能帮你拥有一个充满光明的世界。”

后记

距史蒂芬·霍金喝完那勺具有启迪意义的汤的瞬间大概已过去了7年。现在，我正看着另一科学家吃东西。这次，我身处剑桥大学医学研究中心的食堂，恰好与新科诺贝尔奖得主文卡特拉曼·拉马克里希南（Venkatraman Ramakrishnan）邻桌。他正专注于一个香蕉，而我不知道自己是否应抓住机会在他回到实验室之前对他进行采访。

纠结了一小会儿，我努力地将自己的注意力转向了坐在我旁边的迈克尔·富勒（Michael Fuller）。富勒是帮助克里克和沃森建立著名的DNA模型的技术员。他正向我讲述自己与弗朗西斯·克里克一起工作的那些年的事情，但他看得出来，我的注意力并未完全集中在他那里。富勒，这个温暖、慷慨、贴心的男人，看出了我的窘境。他问道，“你想和文卡谈谈吗?”

我想了想，拒绝了这个提议。“我可以稍后去找他。”我说。但我知道，自己或许不会去找他了。拉马克里希南不会告诉我，他赢得诺贝尔奖幕后的秘密。不管怎么说，这绝不是我现在就能发掘的秘密。2004年，在克里克死后10天，名为阿伦·里斯（Alun Rees）的英国记者发表了一篇“独家新闻”。里斯报道，“克里克在与詹姆斯·沃森发现DNA结构的那一刻，正处于LSD带来的快感中。”

真相总是扑朔迷离。里斯关于克里克使用致幻剂来发现生命秘密的证据出于第三手信息，且来源可信度不高。克里克和沃森从未提到过这些内容。在马特·里德利所写的克里克传记里，否定了克里克使用LSD以帮助自己发现DNA结构这种说法。根据里德利的记载，“克里克的遗孀以及给他们提供LSD的人都明确表示，他们第一次接触致幻剂是1967年。”里德利说，“更重要的是，这种药物在1953年的英国几乎得不到。贫困而传统的克里克在LSD刚被发明出来的20世纪50年代初就尝试了它的说法很难令人信服。”里德利认为：“根本没有证据”。

不过，LSD并不是在20世纪50年代新发明的，它最初是在1938年被合成。在1947年前，制药巨头山德士（Sandoz）公司就已为LSD注册了Delysid商标，并作为了一种有效的心理治疗药物。

此外，将克里克定性为“传统的”非常不靠谱——他并不传统。1962年，女王来到剑桥为新医学研究中心大楼剪彩，克里克避而不见以表示抗议——他坚决反对君主制，几年后，他甚至拒绝了骑士身份。克里克的家庭聚会是醉鬼的天下，他是个根深蒂固的登徒子。一位秘书说，“自己曾被兰迪·克里克在实验室围着长凳追赶，当他抓住她时，她只好用鞋跟上的细高跟扎进他的脚以逃脱。”

克里斯托弗·科赫（Cristof Koch）是加利福尼亚大学神经科学家，尽管他与克里克之间常会有不同意见，但他将克里克尊为自己的“导师”。他说，“克里克从未提到过自己曾服用LSD。他告诉了我很多私人的事情，包括他的聚会，但从未提到过对任何违禁药物的使用。”基于之前的一些证据，我对科赫的证词持怀疑态度。

我之前就说过，他们是秘密的无政府主义者。这也是为什么我希望富勒能给我一些对于这件事情的确实的线索。他跟克里克和沃森在一起共事多年，参加过他们的许多聚会。他跟他们几乎形影不离——关于使用LSD的事情他会知道些什么吗？他摇摇头，说，“但是，出于对弗朗西斯的了解……我想，如果有机会的话，他会尝试的。”

我们已经看到，历史上，为了得到发现的灵感，科学家们愿意做任何事情，而当时克里克和沃森正面临巨大的挑战。美国人莱纳斯·鲍林（Linus Pauling）也正在研究DNA的结构。罗莎琳·富兰克林（Rosalind Franklin）和莫里斯·威尔金斯（Maurice Wilkins）正在争吵，且迟迟不肯交出克里克和沃森想要的数据。事实上，他们已逼得克里克和沃森从威尔金斯实验室偷走了他们需要的数据。当威尔金斯对此提出抱怨时，克里克对他说，“希望我们的入室盗窃至少能促使你们的团体形成统一战线。”

无政府主义的证据堆积如山。克里克和沃森甚至差点无法继续 DNA 的研究，他们在剑桥的老板告诉他们不要再继续这项研究了。他们耸了耸肩，秘密地继续进行着。1979 年，在许多人抱怨罗莎琳·富兰克林未能得到足够的信任时，克里克宣称她不具备成为顶级科学家所需的条件。“她太死板了，不善于科学的发声且学不会走捷径”，他在 1979 年如此写道。此后不久，他重申了他对科学自由的信念，他说：“一流的科学家敢于冒险。在我看来，罗莎琳似乎太谨慎了。”

受限于时代背景，克里克并非是唯一有可能这么干的人。正如我们看到的，LSD 在凯利·穆利斯获得诺贝尔奖的道路上提供了助力。而另一位诺贝尔奖获得者，物理学家理查德·费曼，也喜欢使用大麻和迷幻药（但在尝试这些之前，他已做出了杰出的工作）。宇宙学家卡尔·萨根也是大麻的常客，他描述了自己在恍惚间以新方式观察事物的经历。他的见解深刻，还录了音，试图说服自己在第二天情绪低落的时候能认真对待这些想法：

> 如果，我在第二天早上发现一条自己在昨夜留下的信息，信息显示——我们周围有一个几乎感觉不到的世界；或者我们能与宇宙融为一体；或者某些政客被吓得魂不附体，我自己也很难相信其真实性。所以，我准备有一盘磁带，并告诫自己必须认真对待这些想法。我对自己说：“仔细听着，第二天早晨的混蛋！这些东西都是真的！”

萨根倾向于认为，使用药物能在研究上帮助自己敞开思想。哈佛大学的物理学家李斯特·格林斯彭（Lester Grinspoon）曾是他最好的朋友之一。他们曾有一起嗨的经历，格林斯彭记得萨根曾请求他将仅存的大麻留给他以助他完成第二天的研究工作。“李斯特，我知道你只剩下最后一个了，但能给我吗?”萨根说，“明天，我有很重要的工作，我非常需要它。”

然而，必须承认，虽然萨根说大麻提高了他对许多事物的辨识力，但几乎没有证据表明他吸食大麻对自己的科学工作带来了什么影响。他说，“自己有一次在恍惚间回忆起一些看似不可调和的实验结果，并想出了一种可能将它们结合在一起的东西，但他承认那是非常奇怪的可能性”。他后来写的一篇论文提到了这个想法，“我认为，当时的那个想法不太可能是真的。”他后来写道，“但它确实有可被实验检验的结果，这点是一个理论可被接受的标志。”

萨根的故事有令人信服的证据。但谈到弗朗西斯·克里克在20世纪50年代使用LSD时，我们却没有多少令人信服的线索。没有确凿的证据，只有相互矛盾的证词。

本书中，一些关于科学的故事或许会令你震惊，但很清楚的是，科学进步的真实方式常与我们通常认为的科学家从事工作的方式相悖。重大发现通常在无序和混乱中提出。爱因斯坦从未证明$E=mc^2$，但这并不意味着它不是真理。更重要的是，我们对质量和能量之间相互关系的深入理解有助于结束第二次世界大战。尤其重要的是，它导致盟军先于纳粹设计出了原子弹。参与其中的科学家并不能完全相信这些发现——其中的一些细节原理，他们也不能透彻理解——但他们用双手抓住了机遇，并运用它们使世界变得更加美好。

冲破限制，激励着科学的进步。巴里·马歇尔吞服恐怖剂量的细菌以自我感染，源于他对他人病痛的忧心，他鉴定胃溃疡病因的方式是忘我的。沃纳·福斯曼利用欺骗的手段进入医院手术室，因为他认定如果自己能使用手术室的设备，就有概率提高我们对心脏的理解，并找到治疗其他不可治愈疾病的方法。斯坦利·布鲁希纳并不能证明朊病毒的存在，但他确信这一概念有助于研究人员对抗大面积脑疾病对人类的破坏。即便他的同行们不支持他，为换取可能治疗阿尔茨海默病或帕金森病的可能，这只是一个可以忽略的代价。

争斗、伤害和不公正也都有其目的，如果你想登上顶峰，你和你的科学洞察力必须具有最高的防弹级别。任何重大的新思想及其支持者都必须能经受住足够多的暴力抵抗，并推翻那些固执的前辈。既然前辈的想法已得到广泛的接受，推翻他们将变得尤其困难。我们中的大多数人都是科学的受益者，我们为什么会毫不犹豫地登上飞机或服用阿司匹林，因为科学值得信赖。但我们中鲜有人能意识到，科学家为实现这种信任所需付出的成本。

当詹姆斯·沃森在1968年出版自传的时候，弗朗西斯·克里克和莫里斯·威尔金斯（Maurice Wilkins）为此怒不可遏，他们都是1962年诺贝尔奖的共同获得者。马特·雷德利认为，《双螺旋》（*The Double Helix*）这本书向读者展示的是“混乱、竞争、错误、顽皮的人类与无知作斗争的过程，而不是将科学描述为迈向发现的庄严而完美的征程”。

彼得·梅达瓦在自己的作品中也探讨了同样的问题，“科学家们在一个又一个成就的顶峰跳跃，他们会使用使自己免于犯错的方法。”他说，“事实上，这是外行人的错觉。”尽管他说了揭老底的实话，但梅达瓦无疑相信，科学具有达到这些顶峰的能力：

> 就实现目标的能力而言，科学是人类历史上从事过的最成功的事业。访月登月？已成事实；消灭天花？很高兴完成了；延长人类寿命至少四分之一？是的，当然可以，只是还需要花一点时间。

梅达瓦的最后一句话或许过于保守了。在过去的200年，由于我们对医疗保健和营养认识的进步，发达国家的人类预期寿命已增加了100%。我们还能进一步延长寿命吗？答案是，很可能。剑桥大学的人口动力学专家理查德·史密斯（Richard Smith）指出，“每当有人提出自然极限时，它总会被超越。”20世纪20年代，美国人的预期寿命大约为57岁，当时最大胆的估计是延长7年寿命。1990年，专家们说，“如果不能在抑制衰老的问题上取得重大突破，人类的平均预期寿命不会超过85岁。仅6年后，日本女性就超越了这一上限。”史密斯苦恼地指出，“联合国现在已放弃了预估寿命上限的做法”。

科学成功并非没有问题。在一个人口达70亿且仍在不断增长的世界，各种问题（如粮食生产、住房和医疗保健）已构建了前所未有的挑战。这就是科学创造的世界，科学家已为挑战这些问题挺身而出。这些成功能否继续，科学能否解决未来的下一系列问题，取决于我们是否愿意给科学研究提供更宽泛的环境。我们能建立一个更好的系统吗？

以同行评议为例，它是科学论文发表的黄金标准。同行评议，即在论文发表之前将思想和结果交给适当的有资格的科学家作审查。出版制度是由科学家之间的信件交流演变而来。如果一位科学家有话要对另一位科学家说——不想让其他人知道——他们通常会相互写信。最终，随着科学的发展以及信件需要分发给更多的人，出版信件供大家阅读的做法诞生了。

最初，同行评议并不是这个体系的一部分。爱因斯坦就相当不习惯同行评议——在他职业生涯的后半段，当同行评议开始流行时，他极力反对这种在发表论文之前必须修改论文以满足同行们的做法。他写信给《物理评论》的编辑，因为后者将爱因斯坦的一篇论文送给了一位广义相对论专家评阅。他写道，“我认为，没有任何必要回答那位匿名专家的意见——不管我有任何错误”。爱因斯坦的反对意见包括一项不想被公之于众的声明，他已将文章送往别处发表。他对编辑说：“基于此事，我更愿在别处发表这篇文章。”他确实是这么做的。《引力波存在吗?》这篇文章毫无疑问地被另一家杂志接受并发表，无一遗漏地带着那位评审所发现的错误。

克里克和沃森那篇著名的关于DNA结构的论文在出版前也没有经过同行评议。《自然》杂志的编辑约翰·马多克斯（John Maddox）宣称其正确性“不言而喻”。当时，《自然》杂志进行的唯一一种同行评议流程是由一位工作人员进行的，他会将提交的论文带到雅典俱乐部，在咖啡或午餐会上，向其他有科学资格的成员询问论文中的观点是否有价值。

事实上，正是希望发表论文的专业科学家数量猛增，导致正式的同行评议成为常态。面对一连串的投稿，杂志所有者只得强加过滤器。如今，期刊编辑从科学家那里接收论文，他们会筛选出其中有趣的部分，将它们发送给这个领域的两到三个专家。这些专家以匿名的方式——以避免不愉快的事情——决定这些论文是否值得出版。这似乎是个明智的系统。事实上，同行评议系统工作得并不好，因为科学家也具有主观人性。

想象一下，你正提交一份科学论文准备发表，评议论文的该领域的专家恰巧是你的竞争对手。此时，他们不会轻易拒绝你的发表，避免自己的动机被明显暴露。如果你完成了一半的工作，他们会推迟接受你的论文——也许是下意识的。即使你的工作做得很仔细，他们也很难直接认输——如果他们不喜欢你的方法，他们会尝试挑剔或者创造瑕疵。

即使审稿人能做到不偏不倚的客观，为了系统的有效性，他们仍需要较多时间彻查论文，审稿人会面临巨大的压力。他们知道，他们不能简单地拒绝评阅同行的作品——毕竟，期刊编辑知道他们是谁。编辑很可能会拒绝那些不愿评议他人论文的审阅者提交的论文。正如科学家们偶尔会公开承认的那样，今天，忙碌的评阅者经常只会提供粗略的检查。现在的同行评议，不会像迈克尔·法拉第的时代对每个数据都亲自重复实验。不过，有些论文还是会被严格审查，尤其是如果提出的观点具有较大挑战性，但这种审查的严格度也是相对性的。

传统的同行评议模式是一种古老的系统，一些科学家会私下对此否认。偶尔，他们会站出来表达自己的观点。例如，英国皇家学会前会长马丁·里斯（Martin Rees）承认，“学术期刊的评审不是确保科学质量的唯一途径”。他认为，“电子出版物也是一个不错选择”。

里斯是康奈尔大学的一个在线存储库“预出版网站 arXiv.org”的粉丝。该网站为物理学和相关领域的新论文提供了展示的平台，大多数科学家能一目了然地看到值得他们关注的论文。如果有人愿意将它添加到注册科学家的推荐系统里，那么诞生了几十年的标准同行评议系统将迎来重要竞争。由于评论不是匿名的，所以不会导致失控。

科学家的管理者正是利用该系统开展工作，他们评估科学家的机制基于同行评议期刊，即根据科学家出版了多少篇文章以及期刊的学术水平来衡量科学家的价值。于是，再次出现了事与愿违的情况：发表文章不是为了提醒同行注意有趣的新发现，而是为了生存并确保科学家们获得足够的资金来继续他们的工作。

事实上，在这个问题上，科学家们可谓作茧自缚。几十年来，他们将自己伪装成可靠的、值得信赖的、不激进的人；而现在，他们却疑惑为什么有如此一个管理制度，将他们视为生产线上温顺的工人，而不是像真正的他们那样充满创造力和好奇，无穷尽地探寻真理。当然，一旦接受了科学家不应在任何情况下引发惶恐的想法——第二次世界大战后默许协议的一部分——科学家们所能做的就只剩下私底下互相抱怨他们死板的管理者了。

这给我们带来了掩盖真相造成的另一个不好的后果——科学家们不再充满干劲，不再激烈辩论，不做不适当的事情。经过了几十年的适应，它们就像一群野狼被磨光了爪牙，被驯养并慢慢地培育成了吉娃娃狗。科学家们直截了当地说，“他们已失去了厮咬任何与切身利益无关的东西的勇气”。

于是，他们成为了一个惰性的群体，他们确信自己有责任提出建议（如果被问到的话），但永远不要去影响政治议程。“科学家是拿来用的，而不是高高在上的”，这是温斯顿·丘吉尔在第二次世界大战刚结束时反复强调的看法。这个观点几十年来一直被科学家们全心全意且带点胆怯地接受了。

如果科学家们没能在建设以及保障我们的未来方面发挥关键作用，从人性化的角度看，这种状态或许能勉强接受。可问题在于，现在的社会几乎丧失了那些最优秀的人的全情投入。正如迈克尔·尼尔森和约翰

·武特维奇（John Vutevich）在《高等教育编年史》（*Chronicle of Higher Education*）中记录，“压制最博学的人的声音，放大最无知的人的声音，是对民主的一种歪曲”。

由于战后的粉饰，阴云也同样挂在了我们的伦理委员会头上。正如“安息日是为人设立的，而人不是为安息日设立的”，“伦理委员会应为科学而服务，而不是科学被伦理委员会不断扩大的权利范围所奴役”。

医学文献凸显了伦理委员会暴露的问题。例如，苏格兰的一项研究对 19 个伦理委员会进行了调查，其中 15 个委员会设计了他们自己的申请表，形成了一个形式不统一且非常耗时的系统。在这些系统中的申请，通常受制于委员会成员的一时兴起或特殊兴趣。一些委员会要求研究人员提交的文件为一式二十份，最终获批的时间则从 39 天到 182 天不等。平均而言，研究人员至少需要 3 个月才能获批。最令人担忧的是，最终决定通常取决于委员会成员的个人立场。

所以，能很容易地看出，为什么科学家们会想方设法地回避伦理委员会。由于强加的行政负担，科学生命正在渐渐丧失：当某个委员会推迟一项旨在测试心脏病新药的试验时，大约会失去挽救 10 000 人生命的机会。正如 2004 年《英国医学期刊》（*British Medical Journal*）的一篇社论指出的，“如果能证明伦理审查带来的负担小于实验对患者可能造成的利益损害，那么，这种负担可能是合理的。”然而，事实上，拖延有大概率导致严重的后果，甚至可能严重危及患者的利益。

正如雅各布·布鲁诺夫斯基的描述，“科学家们试图将他们的工作不断地描白，装出‘急于取悦’别人的面孔，这导致他们过于谨慎。基于今天我们对科学家工作方式的了解，伦理委员会最好先关注下自身的缺点。事实上，鲜有证据表明科学家会倾向于一些不道德的实验——他们必须在同行和公众面前发表、讨论并答辩他们的观点。此外，他们还必须为下一轮的资助申请作考虑（不过，对科学家的监督仍非常必要）。

这里，我们再谈谈科学教育问题——如何激励下一代科学家？20 世纪 50 年代以来，科学的公众形象一直是沉闷、无精打采和谨慎的。科学家们在社会和文化上的影响已退居次席，导致摇滚明星、体育明星和渴望成名的电视名人成功赢得了孩子们的注意。我们需要探求，这些天生好奇的孩子们，这些在小学里对科学表现出浓厚兴趣的孩子们，为何会在11岁生日左右放弃对科学的兴趣？一旦他们在更广阔的世界里意识到，什么是有价值的，什么是被认为令人兴奋的，科学将失去光泽。如果今天的高中生可以知道科学家的真面目（也许是通过媒体），他们或许会改变自己的认知——科学事业的道路其实并不那么枯燥和乏味。

还有一个方法论的问题——总的来说，孩子们被教授的是科学的内容而非科学的精神。正如哲学家卢梭（Rousseau）建议的，我们不应该教孩子学科学，而应培养他们对科学的爱好。

例如，学生是否真有需要在科学课程中学习所有的内容是有待商榷的议题。对多数人来说，这一经历似乎破坏了对科学的兴趣。任何曾经做过学校科学实践的人都知道，欲得到教科书所要求的结果有多难。试想一下，如果允许老师利用经验解释科学在取得突破和发现中所涉及的挑战和奖励，而不必逼迫学生在笔记本上写下“正确”的答案，将会对学生带来怎样的积极影响。今天的教学，教师们不知不觉地选择隐藏了科学的本质和精神。

当以上心态盛行时，造成的间接结果是，那些对科学有足够兴趣而幸存下来的继续深造的研究者，多数人的性格不再有锋芒。因为，科学吸引他们之处，正是科学被粉饰后的模样——沉稳而舒适。

对于这个问题，斯坦福·沃弗辛斯基，一个没有大学学位的科学家，比大多数人都有发言权。他说，“传统的教育形式会阻碍学生的科学创造力，‘在学校里，他们一直被‘灌输信息’。当他们离开学校时，却被要求，‘现在，你独立了，想想吧，如何具有创造力。’’”凯利·穆利斯为战后科学机构中不断出现的科学家而忧心。他说，“很多科学家在科学机构中工作，只是为了高额的经济回报”。根据他的观察，这些科学家并不是他所认为的那些“想把青蛙发射到空中的好奇的小男孩”。

一个有趣的问题是，今天的这些科学家能产出怎样的科学。显然，如果我们让那些目光短浅的科学家涌入大学，不可避免地会导致科学变得枯燥。以 GEM 粒子物理合作组织在 2008 年的一篇论文为例——该论文长 20 多页，共计 31 位作者，内容涉及一种名为介子的亚原子粒子在原子核内是否能形成“束缚态”。20 年前，一些物理学家就曾提出了它具有存在的可能。不幸的是，2008 年的论文提交的数据并未能证明什么，正如论文的最后一行，“显然，需要进一步的数据支持”。这个例子是典型的过度专业化（科学的固有倾向）的结果。

这种问题早在 1930 年就已被西班牙哲学家何塞·奥特加·伊·加塞特（José Ortega y Gasset）明确地指了出来。为了能更好地产出，科学需要它的工作者变得更加专业化。“其结果，”奥特加说，“大多数科学家就像蜂箱里的蜜蜂一样被关在他们实验室的狭小房间里。这种科学家只熟悉一门科学，即自己从事的研究领域。”根据奥特加的说法，“结果是，一连串平庸、乏味的进步，而不是诺贝尔奖那种突破性的成果。”他提出问题的时间在第二次世界大战之前，第二次世界大战之后，这个环境已变得更糟。

1950 年，德国物理学家欧文·薛定谔（Erwin Schrödinger）重申了奥特加的担忧。他担心专业化会造成社会的厌恶，并最终扼杀科学所作出的努力。薛定谔警告他的科学家们，“永远不要忽视你的专业研究在人类生存这个大舞台上所扮演的角色。如果你不能——从长远来看——告诉更多的人自己所做的事情，你的作为将变得毫无价值。”

这种过度专业化可以避免吗？是的，但需要努力和勇气。而这种特质正是那些为了寻求安全无忧的生存之道才从事科学工作的人所严重缺乏的。安德烈·海姆（Andre Geim）获得了 2010 年诺贝尔物理学奖，他对那些真正想做开创性研究的人提出了忠告：“不要做别人都在做的工作——应该另辟蹊径。”他说：“如果你跟在牧群的后面，一棵草也吃不到。想获得真正的重大突破，你必须做别人没有做的事情。如果你不能恰好地在正确的时间出现在正确的地点，或者拥有其他人所没有的设施，那么，唯一的方法是——更具冒险精神。”

在第二次世界大战刚结束的几十年，科学家们向那些没有叛逆精神和闯劲的研究者开放了他们的研究领域。得到的结果是，不得不勉强接受平庸、乏味的进步；姑且认为这些对科学事业具有同样有效的贡献，并让公众盲目地认为科学一如既往地在人类文化中发挥着重要和迷人的作用。

薛定谔说，“找到一种方法保持科学的开放性、真实性、活力和易接受性至关重要。”根据奥特加和薛定谔的说法，将科学从枯燥乏味中脱离出来非常重要。

今天的那些装作将人类带向光明未来的深藏不露的、匿名的、不具威胁性的引领者，已对世界产生了重大影响。是时候有所改变了，否则，情况或许会变得更糟。这就是为什么我们需要将真正科学释放出来的原因。

现在，在医学研究中心（MRC），我决定不再执念于发掘弗朗西斯·克里克如何获得科学发现以及他是否使用了 LSD 的真相。他的秘密——如果真正存在——将永远沉睡。与迈克尔·富勒共事过的诺贝尔奖获得者并非只有克里克和沃森。1952 年 1 月，16 岁的他来到 MRC 从事技术员的工作。在 58 年的工作经历中，该中心总计获得了 26 个诺贝尔奖（在他来之前有 3 个，包括亚历山大·弗莱明）。富勒在 MRC 的那些年，他会为每个诺贝尔奖庆典购买香槟。

我问他：他们成功的秘密是什么？富勒在作答之前停顿了很长时间。“一心一意，”他说，“他们不会被任何事或任何人吓退。”又停顿了一下，他似乎不确定是否要说出下一句话，“还要足够自信。”他补充道：“必须有难以置信的自信心。不管别人怎么说，他们都必须坚信自己的正确。”

我想起了阿尔伯特·施曾特－吉格伊（Albert Szent-Gyrgyi）的评论：“科学家是自大自私的家伙，他们以解决自然界的难题为乐。”我突然想到，当文卡特拉曼·拉马克里希南将他的香蕉皮扔进垃圾箱并返回实验室时，他看起来是多么的狂妄。但是，正如我多次提到的，这些人也是真正的科学者。

现在，他们的秘密被揭示出来，他们并未受到贬低。在发现了他们真正的足智多谋后，我同样对这些科学者充满了由衷的钦佩。他们做出了伟大的发现，并不是因为他们摒弃了人性，而恰恰是拥抱了人性。如果我们希望拥抱更多的科学进步，需要释放更多的叛逆分子、分歧者。现在，在科学界，我们应为自由状态欢呼，而不是掩饰。

科学是我们应高度重视的东西。用布鲁诺夫斯基的话说，“科学的标志是：它能向所有人敞开大门，所有人都能在其中自由地表达自己的想法。”它们是世界处于最佳状态的标志，也是人类精神最具挑战性的标志。克劳德·伯纳德（Claude Bernard）曾说过，“发现的喜悦只对那些因‘未知而痛苦’的人有用”。这就是科学：“折磨、梦想、幻想、不安、谎言、绝望、争吵，最终，当一切被理顺时，瞬间的欣喜使这一切都变得值得。”于是，布鲁诺夫斯基找到了一种更简单的表述方法，“科学是对行得通的东西的接受，和对行不通的东西的拒绝。”他说，“而这，需要我们有远超想象的勇气。”

致谢

我要感谢 Profile Books 出版社的每位工作人员，特别是安德鲁·富兰克林（Andrew Franklin），感谢他对这个项目的热情支持，感谢他的出色的编辑，感谢他对我的不断推动，直到我“找到出路”。我要感谢我的经纪人卡罗琳·道奈（Caroline Dawnay），她向我保证安德鲁是可靠的，她指引我找到宝贵的资料来源，她对本书文字方面提出了目光敏锐的建议。

我要感谢许多科学家，他们邮寄给我了很多科学论文，特别是巴特勒大学的卡罗尔·里夫斯和耶鲁大学的劳拉·曼纽利迪斯（Laura Manuelidis）。感谢许多回答我的问题的科学家，其中包括大卫·普里查德、巴里·马歇尔、罗宾·沃伦、汉斯·欧汉宁（Hans Ohanian）、克里斯托弗·科赫以及斯坦利·布鲁希纳（尽管他拒绝了我的采访请求，但回答了我提出的主要问题）。在造访剑桥大学分子生物学实验室时，我受到了热烈的欢迎，感谢迈克尔·富勒的坦诚和热情。我还要感谢安·布鲁克斯（Ann Brooks）和阿德里安·希尔（Adrian Hill），他们为我寻找到了很多宝贵的素材。

在本书的撰写过程中，我与许多人进行了交流和访谈。很抱歉，在这里我不能尽列他们的名字，只能选择性列举：阿伦·里斯（Alun Rees）、罗杰·海菲尔德（Roger Highfield）、杰里米·韦布（Jeremy Webb）、约翰·霍根（John Horgan）、凯西·林恩·格罗斯曼（Cathy Lynn Grossman）、马克·史蒂文森（Mark Stevenson）、凯文·达顿（Kevin Dutton）、伊莱恩·福克斯（Elaine Fox）和查尔斯·罗斯

(Charles Ross)。我要特别致谢：乔治·兰姆（George Lamb）和马克·休斯（Marc Hughes），他们向我展示了科学的人性，告诉了我科学家有多么迷人并富有启发性。

与以往一样，我必须承认欠《新科学家》（*New Scientist*）杂志的工作人员一份人情，他们构成了一个强有力的蜂巢思维模式。说到蜂巢思维，我通过推特（Twitter）上的朋友也获得了很多信息和帮助。这些人数量太多，无法一一列举，但如果您想深入研究相关内容，那么有几位是值得关注的。尽管我觉得将这些高科技名字按老式的方式罗列似乎有点不伦不类，但我还是要特别感谢以下几位给我的帮助：@ AliceBell，@ AtheneDonald，@ cgseife，@ KieronFlanagan，@ sciencebase，@ sciencecampaign，@ sciencegoddess，@ tomstandage，@ WilliamCB，@ xmalik 和@ ZoeCorbyn。

在过去的一年，我的家人一直忍受着一个心烦意乱的灾难性的丈夫和父亲，我必须真诚地感谢他们的耐心和支持，但我不能保证以后不会再发生这样的事情。

——迈克尔·布鲁克斯

2011 年 3 月

本书列举了许多例子，科学混乱性的传统深植于人类骨髓，尽管如今这些混乱可以被更好地掩饰。

本书并非要一一罗列有关科学“学术不端”的轶事。本书的真正目的是，揭示真实科学如何运作，讨论我们对科学的错误期望是否会阻碍未来的发现。我们耳熟能详的科学的标签，并非科学的真正面目——公众眼中的科学与实际情况之间的差别远超大众的想象。科学家们已被套上了机械工作的紧身衣，就像进实验室必须穿白大褂一样。事实是，没人能穿着紧身衣做出好科学，通过计划得出的成果通常难有真正意义。

本书希望为科学的原始属性吹响号角，并试图为科学建立适于成长的基础。毕竟，我们的未来很可能要依赖于它。

迈克尔·布鲁克斯，英国量子物理学家，非虚构类畅销书《搞不懂的13件事》（译为18种语言）、《自由基》（译为7种语言）、《不确定的边缘》（译为4种语言）作者。他拥有量子物理学博士学位，是《新科学家》杂志的顾问、《新政治家》杂志的专栏作家。